この問題集の使い方

自分のまちがいをすぐに見つけるために，必ず1ページ終えるたびに丸つけをしよう！
丸つけは，解答だけをまとめた「クイック解答」を使ってね！

解き方だけじゃなく，ひとことアドバイスがいっぱいの解説が P.44～63 にのっているので，
解けなかった問題はもちろん，解けた問題でも解説をよく読んでみよう！

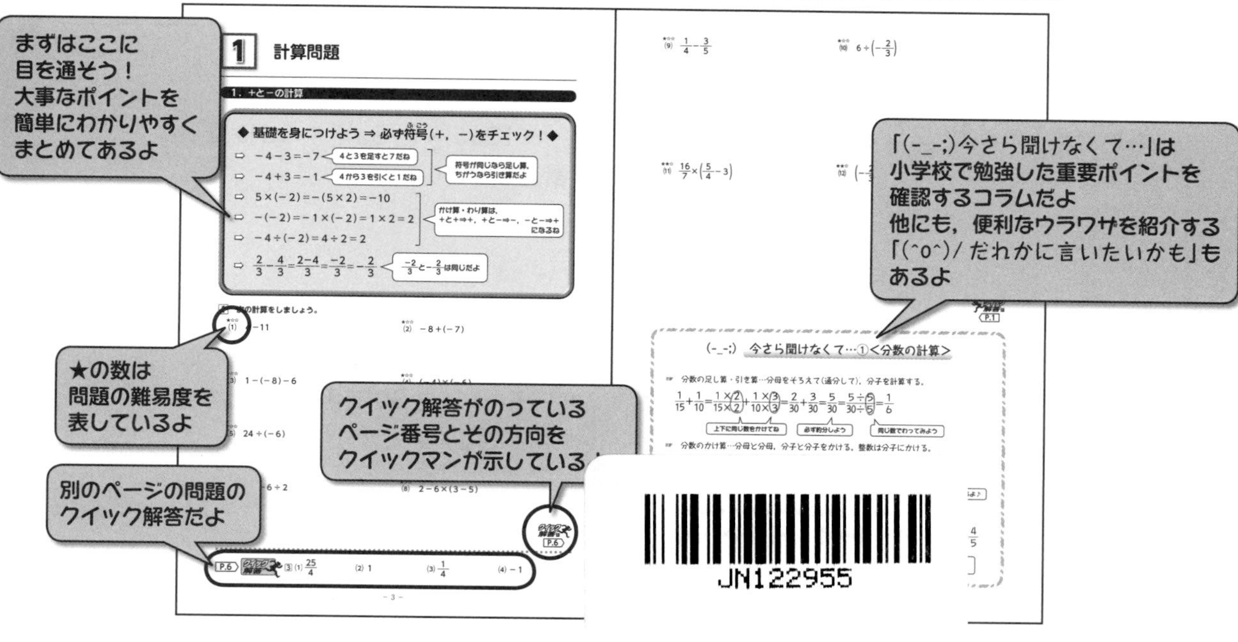

まずはここに
目を通そう！
大事なポイントを
簡単にわかりやすく
まとめてあるよ
★の数は
問題の難易度を
表しているよ
別のページの問題の
クイック解答だよ
クイック解答がのっている
ページ番号とその方向を
クイックマンが示しているよ
「(-_-;)今さら聞けなくて…」は
小学校で勉強した重要ポイントを
確認するコラムだよ
他にも，便利なウラワザを紹介する
「(^o^)/ だれかに言いたいかも」も
あるよ
JN122955

・もくじ・

コラム

はじめに

いきなりですが，次の１～４の問題を見てみましょう。
これらの問題は，近年，全国の公立高校入試で実際に出題された問題のうち，中3の夏休みまでの学習内容で解ける問題です。

1． 次の各問いに答えなさい。

⑴ $\dfrac{7a+b}{5}-\dfrac{4a-b}{3}$ を計算しなさい。

⑵ $-12ab\times(-3a)^2\div 6a^2b$ を計算しなさい。

⑶ $\sqrt{48}-3\sqrt{2}\times\sqrt{24}$ を計算しなさい。

⑷ $x^2-11x+30$ を因数分解しなさい。

⑸ 方程式 $\dfrac{5x-2}{4}=7$ を解きなさい。

⑹ y は x に反比例し，$x=-6$ のとき，$y=2$ である。$y=3$ のときの x の値を求めなさい。

2． 右の図のような母線の長さが４cmの円錐(えんすい)がある。この円錐の側面の展開図が半円になるとき，この円錐の底面の半径を求めなさい。

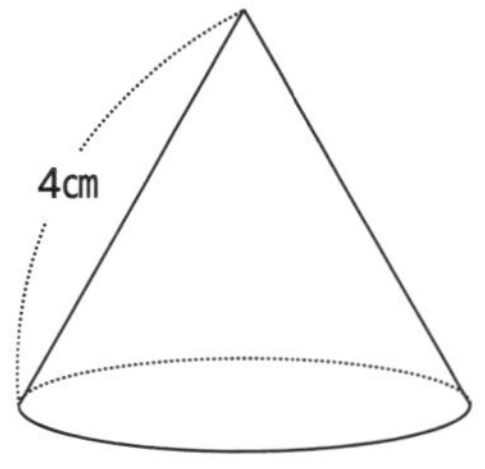

P.4 クイック解答 ① ⑼ $-\dfrac{7}{20}$　⑽ -9　⑾ -4　⑿ $\dfrac{7}{10}$

3. 右の図のように，正方形ＡＢＣＤ，正方形ＥＦＣＧがある。
正方形ＡＢＣＤを，点Ｃを中心として，時計まわりに45°だけ回転移動させると，正方形ＥＦＣＧに重ね合わせることができる。このとき，$\angle x$ の大きさを求めなさい。

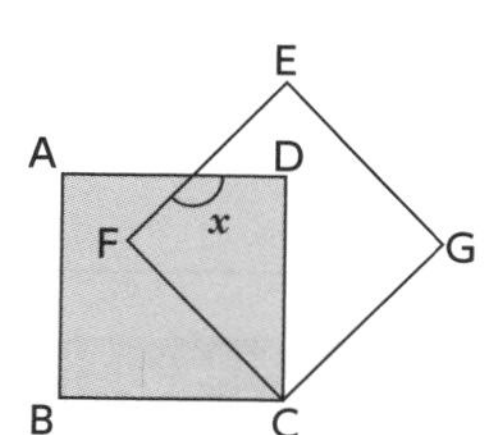

4. 右の図において，直線 ℓ は，$a<0$ である関数 $y=ax-1$ のグラフである。直線 ℓ と同じ座標軸を使って，関数 $y=bx-1$ のグラフである直線 m をかく。$a<b$ のとき，右の図に直線 m をかき加えた図として適切なものを，下のア～エから１つ選び，記号で答えなさい。

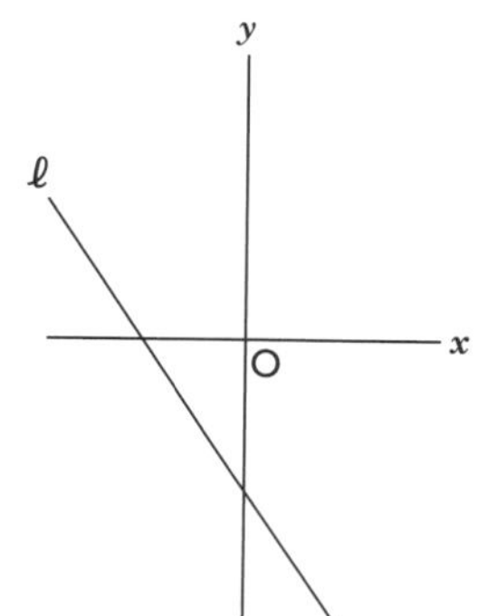

ア
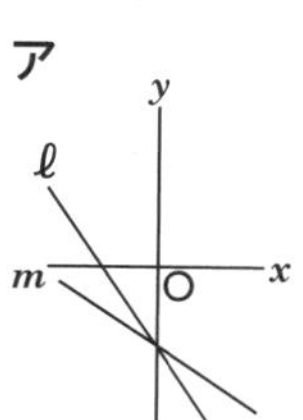

イ
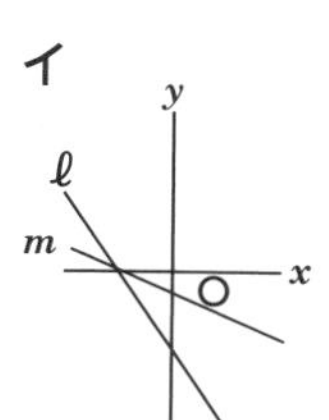

ウ
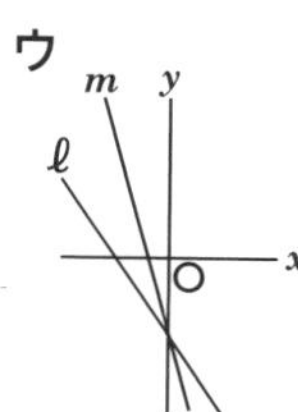

エ

どうでしたか？　「難しそうな問題ばかりだ…」と落ちこんでしまったかもしれませんが，大丈夫です。

大事なことは，**入試問題の50％以上**は中3の夏休みまでの**基礎的な内容**の問題であるということ，そして，数学が苦手な人でも基礎的な問題をくりかえし解くことで**必ず点数が上がる**ということです。

究極の勉強法とは，難しい問題にばかりチャレンジすることではなく，**基礎問題**を**くりかえし，くりかえし**解くことなのです。

この問題集にはそのような基礎問題がぎっしりとつまっています。
今までは数学に不安があったかもしれませんが，この問題集で，**今度こそ**数学の基礎を身につけて，受験勉強の第一歩にしましょう!!
この問題集をすべて終えてから，ここにある問題にもう一度チャレンジしてみてください。きっと今よりも問題が簡単に見えるはずです。

P.１～２の解答 → １．(1) $\dfrac{a+8b}{15}$　(2) $-18a$　(3) $-8\sqrt{3}$　(4) $(x-5)(x-6)$　(5) $x=6$　(6) $x=-4$
２．２㎝　３．135°　４．ア

1 計算問題

1．+と−の計算

◆ 基礎を身につけよう ⇒ 必ず符号(ふごう)(+，−)をチェック！◆

⇨ $-4-3=-7$ 〈4と3を足すと7だね〉

⇨ $-4+3=-1$ 〈4から3を引くと1だね〉

〈符号が同じなら足し算，ちがうなら引き算だよ〉

⇨ $5\times(-2)=-(5\times2)=-10$

⇨ $-(-2)=-1\times(-2)=1\times2=2$

⇨ $-4\div(-2)=4\div2=2$

〈かけ算・わり算は，+と+⇒+，+と−⇒−，−と−⇒+になるね〉

⇨ $\frac{2}{3}-\frac{4}{3}=\frac{2-4}{3}=\frac{-2}{3}=-\frac{2}{3}$ 〈$\frac{-2}{3}$と$-\frac{2}{3}$は同じだよ〉

1 次の計算をしましょう。

★☆☆ (1) $4-11$

★☆☆ (2) $-8+(-7)$

★☆☆ (3) $1-(-8)-6$

★☆☆ (4) $(-4)\times(-6)$

★☆☆ (5) $24\div(-6)$

★☆☆ (6) $9+(-2)\times3$

★☆☆ (7) $-4-6\div2$

★☆☆ (8) $2-6\times(3-5)$

クイック解答は P.6

P.6 クイック解答 3 (1) $\frac{25}{4}$ (2) 1 (3) $\frac{1}{4}$ (4) -1

★☆☆ (9) $\frac{1}{4}-\frac{3}{5}$

★☆☆ (10) $6\div\left(-\frac{2}{3}\right)$

★★☆ (11) $\frac{16}{7}\times\left(\frac{5}{4}-3\right)$

★★☆ (12) $\left(-\frac{2}{3}\right)\div\frac{5}{6}+\frac{3}{2}$

(-_-;) 今さら聞けなくて…①＜分数の計算＞

☞ 分数の足し算・引き算…分母をそろえて（通分して），分子を計算する。

$$\frac{1}{15}+\frac{1}{10}=\frac{1\times 2}{15\times 2}+\frac{1\times 3}{10\times 3}=\frac{2}{30}+\frac{3}{30}=\frac{5}{30}=\frac{5\div 5}{30\div 5}=\frac{1}{6}$$

上下に同じ数をかけてね　必ず約分しよう　同じ数でわってみよう

☞ 分数のかけ算…分母と分母，分子と分子をかける。整数は分子にかける。

$$\frac{2}{5}\times\frac{4}{3}=\frac{2\times 4}{5\times 3}=\frac{8}{15}\qquad \frac{3}{10}\times\frac{5}{4}\times 3=\frac{3\times \overset{1}{\cancel{5}}\times 3}{\underset{2}{\cancel{10}}\times 4}=\frac{9}{8}$$

この段階で約分したら計算がラクになるよ♪

☞ 分数のわり算…÷のすぐ後ろの分数を上下逆にして，÷を×にする。

$$\frac{3}{8}\div\frac{9}{4}=\frac{3}{8}\times\frac{4}{9}=\frac{\overset{1}{\cancel{3}}\times \overset{1}{\cancel{4}}}{\underset{2}{\cancel{8}}\times \underset{3}{\cancel{9}}}=\frac{1}{6}\qquad \frac{16}{5}\div 4=\frac{16}{5}\div\frac{4}{1}=\frac{16}{5}\times\frac{1}{4}=\frac{\overset{4}{\cancel{16}}\times 1}{5\times \underset{1}{\cancel{4}}}=\frac{4}{5}$$

整数はすべて，$\frac{○}{1}$で表せるよ

2．累乗(るいじょう)(2乗，3乗，4乗…)

◆ 基礎を身につけよう ⇒ 小さい数字はかける回数！◆

⇨ $4^{②}=4\times4=16$　$4^{③}=4\times4\times4=64$

この回数ぶん4をかけるんだね

符号(＋，－)もいっしょに2乗しちゃおう

⇨ $(-3)^2=(-3)\times(-3)=9$

$(-3^2)=-(3\times3)=-9$

「²」が(　)の中か外かで計算のしかたが変わるんだよ

符号(＋，－)はほっといて，数字だけ2乗しちゃおう

2　次の計算をしましょう。

★☆☆ (1)　$(-5)^2$

★☆☆ (2)　$(-4)^2\times(-3)$

★☆☆ (3)　$-2^2+(-4)^2$

★☆☆ (4)　$-1^2-(-1)^2$

★★☆ (5)　$-6^2+4\times7$

★★☆ (6)　$(-4)^2-8\div(-2)$

★★☆ (7)　$13-(-2)^3\times7$

★★☆ (8)　$(-3)^2-12\div\frac{3}{2}$

5 (1) $2\sqrt{3}$　(2) 2　(3) $4\sqrt{2}$

(4) 2　(5) $5\sqrt{2}$　(6) $2\sqrt{6}$

◆ 基礎を身につけよう ⇒ 分母と分子は別々に考える！◆

⇨ $\left(-\frac{2}{3}\right)^2=\left(-\frac{2}{3}\right)\times\left(-\frac{2}{3}\right)=\frac{2\times 2}{3\times 3}=\frac{4}{9}$

⇨ $-\frac{2^2}{3}=-\frac{2\times 2}{3}=-\frac{4}{3}$ 「 ² 」があるのは分子だけだね

3 次の計算をしましょう。

★☆☆ (1) $\left(-\frac{5}{2}\right)^2$

★☆☆ (2) $\frac{2^2}{3}-\frac{1}{3}$

★★☆ (3) $\left(\frac{1}{3}-\frac{1}{2}\right)^2+\frac{2}{9}$

★★☆ (4) $\frac{1}{8}-\left(-\frac{3}{4}\right)^2\div\frac{1}{2}$

クイック解答は P.3

(-_-;) 今さら聞けなくて…② <ふくざつな計算の順序>

☞ まず，(　)の中で，　累乗→かけ算やわり算→足し算や引き算　の順

※もし(　)と{　}がまざっていたら，(　)の中をさきに計算しよう！

☞ (　)も{　}もなくなったら，再び，　累乗→かけ算やわり算→足し算や引き算　の順

$$\{\overset{\text{②}}{\overbrace{(\overset{\text{①}}{3^2}-1)\div 2}}\}\times 3-3=(\overset{\text{③}}{\overbrace{8\div 2}})\times 3-3=\underbrace{\overset{\text{④}}{\overbrace{4\times 3}}-3}_{\text{⑤}}=9$$

P.3 クイック解答

1 (1) −7　(2) −15　(3) 3　(4) 24
(5) −4　(6) 3　(7) −7　(8) 14

3．平方根

◆ 基礎を身につけよう ⇒ $\sqrt{\ }$ の中で2乗をつくろう！◆

⇨ $(\sqrt{2})^2=2$　$\sqrt{2^2}=2$　（$\sqrt{2}$ は2乗すると2になる数だよ）

⇨ $-\sqrt{(-2)^2}=-\sqrt{4}=-\sqrt{2^2}=-2$

⇨ $\sqrt{12}=\sqrt{2\times2\times3}=\sqrt{2^2\times3}=2\sqrt{3}$　（$2\sqrt{3}$ は $2\times\sqrt{3}$ と同じだよ）

$\sqrt{32}=\sqrt{2\times2\times2\times2\times2}$

$=\sqrt{2^2\times2^2\times2}=2\times2\times\sqrt{2}=4\sqrt{2}$

（$\sqrt{\ }$ の中で ○^{2} になる数は，「^{2}」をとったら $\sqrt{\ }$ の外に出られるよ）

⇨ $4\sqrt{3}-\sqrt{3}=(4-1)\sqrt{3}=3\sqrt{3}$

（$\sqrt{\ }$ の中が同じなら，足し引きできるよ）

（$\sqrt{\ }$ の中はできるだけ簡単にしないといけないんだ）

4 次の計算をしましょう。

★☆☆ (1) $\sqrt{8}$

★☆☆ (2) $\sqrt{24}$

★☆☆ (3) $\sqrt{45}-\sqrt{5}$

★☆☆ (4) $4\sqrt{3}-\sqrt{27}$

★★☆ (5) $\sqrt{18}+\sqrt{2}-\sqrt{8}$

★★☆ (6) $\sqrt{32}+\sqrt{18}-\sqrt{72}$

(^o^)/ だれかに言いたいかも①<倍数の見つけ方Ⅰ>

約分のときなんかで，知っていると便利！　（かなり使える!!）

➵ 2の倍数…一の位が偶数

➵ 3の倍数…それぞれの位の数の和が，3の倍数
　(例)435 → 4＋3＋5＝12 が3の倍数だから，435 は3の倍数

➵ 4の倍数…下2けたが 00 または4の倍数

➵ 5の倍数…一の位が0または5

➵ 6の倍数…3の倍数のうちの偶数

7 (1) $6y$　(2) $\frac{9}{10}a$　(3) $19x-3y$　(4) $-7x+9$　(5) $\frac{y}{6}$　(6) $\frac{3x+y}{2}$

8 (1) 17　(2) -32

◆ 基礎を身につけよう ⇒ 分母に$\sqrt{\ }$を残してはいけない！◆

⇨ $\sqrt{5}\times\sqrt{2}=\sqrt{5\times2}=\sqrt{10}$

⇨ $\sqrt{14}\div\sqrt{2}=\sqrt{14\div2}=\sqrt{7}$

$\sqrt{\ }$の中どうしのかけ算・わり算はオッケー

⇨ $\dfrac{2}{\sqrt{6}}=\dfrac{2\times\sqrt{6}}{\sqrt{6}\times\sqrt{6}}=\dfrac{\cancel{2}\sqrt{6}}{{}_3\cancel{6}}=\dfrac{\sqrt{6}}{3}$

上下に分母と同じ$\sqrt{\ }$をかけて，分母の$\sqrt{\ }$を消すんだよ
答えは必ずこうしないといけないんだ

5 次の計算をしましょう。

★☆☆ (1) $\sqrt{6}\times\sqrt{2}$

★☆☆ (2) $\sqrt{20}\div\sqrt{5}$

★★☆ (3) $\sqrt{6}\times\sqrt{3}+\sqrt{2}$

★★☆ (4) $(\sqrt{75}-\sqrt{27})\div\sqrt{3}$

★★★ (5) $\dfrac{4}{\sqrt{2}}+\sqrt{6}\times\sqrt{3}$

★★★ (6) $\dfrac{9}{\sqrt{6}}+\dfrac{\sqrt{6}}{2}$

(^o^)/ だれかに言いたいかも②＜倍数の見つけ方Ⅱ＞

➛ 7の倍数…(一の位を除いた数)と{(一の位の数)×2}の差が，7の倍数(0をふくむ)
(例)483→48と3にわける→48－3×2＝42が7の倍数だから，483は7の倍数

➛ 11の倍数…(1けたおきの数の和)と(その他の数の和)の差が，11の倍数(0をふくむ)
(例)8371→(8＋7)－(3＋1)＝15－4＝11が11の倍数だから，8371は11の倍数

2 (1) 25　(2) －48　(3) 12　(4) －2
(5) －8　(6) 20　(7) 69　(8) 1

4．文字式

◆ 基礎を身につけよう ⇒ ×（かける）や1は省略される！◆

⇨ $2 \times x \times y = 2xy$　$(-1) \times x = -x$

数字と文字のあいだ，文字と文字のあいだの×（かける）や，文字の前の1は省略されるよ

①②の順番で1つずつかけていこう

⇨ $3(a+b) = 3 \times a + 3 \times b = 3a + 3b$

⇨ $-(2x-3y) = (-1) \times 2x + (-1) \times (-3y) = -2x + 3y$

けっきょく，（　）の中の＋と－を反対にするだけだね

⇨ $\frac{1}{3}ab^3 \times \frac{9}{ab} = \frac{ab^3}{3} \times \frac{9}{ab} = \frac{a \times b \times b \times b \times \overset{3}{9}}{3 \times a \times b} = 3b^2$

6 次の計算をしましょう。

★☆☆ (1) $4a \times ab^3$

★☆☆ (2) $6ab \times (-a)^3$

★★☆ (3) $2a^2 \times (-3b)^2 \times (-ab^2)$

★☆☆ (4) $3(5x-7)$

★☆☆ (5) $-2(-2x+3)$

★☆☆ (6) $\frac{3}{2}x^2y \times \frac{4}{3x}$

★★☆ (7) $\frac{18}{5}x^2y \div \frac{9}{10}x$

★★☆ (8) $24x^2y \div 3y \div (-2x)$

P.12

9 (5) $4x^2-1$　(6) x^2+7x+9　(7) $x^2+2xy+9y^2$　(8) $-x+15$
(9) $5x-19$　(10) $8x-17$　(11) $3x^2+5x+7$　(12) $5x^2-9x$

◆ 基礎を身につけよう ⇒ 同じ文字がついていたら足し引きできる！◆

⇨ $2x + x^2 - x = x^2 + 2x - x = x^2 + (2-1)x = x^2 + x$

x^2 は $x \times x$ のことだよ

ふつうに分母をそろえよう

⇨ $\dfrac{x-3y}{3} - \dfrac{-2x+3y}{4} = \dfrac{4(x-3y)}{4\times3} - \dfrac{3(-2x+3y)}{3\times4}$

$= \dfrac{4(x-3y)-3(-2x+3y)}{12} = \dfrac{4x-12y+6x-9y}{12} = \dfrac{10x-21y}{12}$

ここの符号のミスが多いんだ！

-1^2 にしないで！
負の数を代入するときは
必ず(　)をつけよう！

⇨ ＜例題＞ $a=2$，$b=-1$ のとき，a^2+b^2 の値を求めましょう。

（解き方） $a=2$，$b=-1$ を代入すると，$2^2+(-1)^2=4+1=5$

7 次の計算をしましょう。

★☆☆ (1) $8y - 2y$

★☆☆ (2) $\dfrac{2}{5}a + \dfrac{1}{2}a$

★★☆ (3) $5(x-2y) - 7(-2x-y)$

★★☆ (4) $2x(3x-1) - (6x^2+5x-9)$

★★★ (5) $\dfrac{2x-y}{2} - \dfrac{3x-2y}{3}$

★★★ (6) $x - y + \dfrac{x+3y}{2}$

8 次の問いに答えましょう。

★☆☆ (1) $x=3$，$y=-1$ のとき，
$2x^2+y^3$ の値を求めましょう。

★★☆ (2) $x=-1$，$y=-2$ のとき，
$20x^2y \div 15x \times 6y$ の値を求めましょう。

4 (1) $2\sqrt{2}$　(2) $2\sqrt{6}$　(3) $2\sqrt{5}$
(4) $\sqrt{3}$　(5) $2\sqrt{2}$　(6) $\sqrt{2}$

5．(a＋b)(c＋d)の展開と乗法公式

◆ 基礎を身につけよう ⇒ 1つずつ順番にかける！◆

⇨ $(a+b)(c+d)=ac+ad+bc+bd$

①②③④

(a + b)と(c + d)のあいだの×(かける)が省略されているよ

①〜④の順番でかけるのが基本
下にならんでいる4つの乗法公式は，$(a+b)(c+d)$の展開の特別な形だよ

⇨ 乗法公式1

$\underline{(x+a)(x+b)}=x^2+bx+ax+ab=\underline{x^2+(a+b)x+ab}$

⇨ 乗法公式2

$\underline{(x+a)^2}=(x+a)(x+a)=x^2+ax+ax+a^2=\underline{x^2+2ax+a^2}$

⇨ 乗法公式3

$\underline{(x-a)^2}=(x-a)(x-a)=x^2-ax-ax+a^2=\underline{x^2-2ax+a^2}$

⇨ 乗法公式4

$\underline{(x+a)(x-a)}=x^2-ax+ax-a^2=\underline{x^2-a^2}$

下線部のところだけ暗記しよう
でも，途中の計算を理解していれば，テスト中に思い出すこともできるぞ♬

9 次の計算をしましょう。

★☆☆ (1) $(a+2)(b-4)$

★☆☆ (2) $(x-1)(y+2)$

★☆☆ (3) $(x-3)(x+8)$

★☆☆ (4) $(x-5)^2$

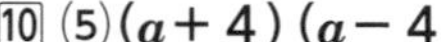

10 (5) $(a+4)(a-4)$　(6) $(4x+3)(4x-3)$　(7) $(x-1)(x-7)$
(8) $(x+2)(x-9)$　(9) $a(x+2)(x-4)$　(10) $3(3x+1)(3x-1)$
(11) $(x+3)(x-4)$　(12) $(x+8y)(x-2y)$

★☆☆ (5) $(2x+1)(2x-1)$

★☆☆ (6) $(x+4)^2-(x+7)$

★☆☆ (7) $(x-3y)^2+8xy$

★☆☆ (8) $(x+3)(x+5)-x(x+9)$

★★☆ (9) $(x+5)(x-5)-(x+1)(x-6)$

★★☆ (10) $(x+4)(x-2)-(x-3)^2$

★★☆ (11) $(2x+1)^2-(x+2)(x-3)$

★★★ (12) $3(x-2)(x+3)+2(x-3)^2$

(-_-;) 今さら聞けなくて…③<いろいろな単位>

頭の中でゴチャゴチャになっている単位を整理しよう！　きっと理科・社会でも役に立つハズ！

☞ 長さ…1 km＝1000m　1 m＝100cm　1 cm＝10mm

☞ 体積・容積…1cm×1cm×1cm＝1 cm³

1 L（リットル）＝1000mL（ミリリットル）＝1000cc（シーシー）

ccはcm³のことだから，1000cm³＝1000cc＝1 Lだよ

☞ 重さ…1 t（トン）＝1000kg　1 kg＝1000g　1 g＝1000mg

☞ ついでに…1ダース＝12個，12本など　a秒＝$\frac{a}{60}$分　b分＝$\frac{b}{60}$時間　c時間＝$\frac{c}{24}$日

6 (1) $4a^2b^3$　(2) $-6a^4b$　(3) $-18a^3b^4$　(4) $15x-21$

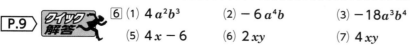

(5) $4x-6$　(6) $2xy$　(7) $4xy$　(8) $-4x$

6．因数分解

◆ 基礎を身につけよう ⇒ 展開の逆！◆

いままで，P.11 の乗法公式などで式を展開していたけど，その逆の計算が因数分解だよ

⇨ $3x+6y=3(x+2y)$　　　$a^2b+ab^2=ab(a+b)$

共通の数や文字をくくり出そう

まず，かけて－4になる2つの数を考える
次に，それらのなかで足すと＋3になる2つの数を考える

⇨ x^2+3x-4

条件にあうのは ＋4 と －1

$=x^2+(4-1)x+4\times(-1)=(x+4)(x-1)$　乗法公式1の逆

⇨ $x^2-9=x^2-3^2=(x+3)(x-3)$　乗法公式4の逆

因数分解の問題のほとんどは，乗法公式1と4のどちらかを利用する問題だよ

⇨ $x^2+4x+4=x^2+2\times2\times x+2^2=(x+2)^2$　乗法公式2の逆

⇨ $x^2-6x+9=x^2-2\times3\times x+3^2=(x-3)^2$　乗法公式3の逆

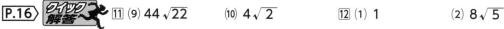

10 次の式を因数分解しましょう。

★☆☆ (1) $27a+9$

★☆☆ (2) $2x^2y-8xy^2$

★☆☆ (3) t^2+5t-6

★☆☆ (4) $x^2+14x+49$

11 (9) $44\sqrt{22}$　(10) $4\sqrt{2}$　12 (1) 1　(2) $8\sqrt{5}$

★☆☆ (5) a^2-16

★☆☆ (6) $16x^2-9$

★★☆ (7) $(x-4)^2-9$

★★☆ (8) $(x-6)(x+3)-4x$

★★☆ (9) $ax^2-2ax-8a$

★★☆ (10) $27x^2-3$

★★☆ (11) $(x+4)(x-4)-x+4$

★★★ (12) $(x+4y)(x-4y)+6xy$

(^o^)/ だれかに言いたいかも③<最大公約数・最小公倍数の見つけ方>

42と60の最大公約数と最小公倍数を見つけよう

➼ 同じ因数が上下にならぶように42と60の因数をならべ，右のように共通する因数をかけあわせると最大公約数の6となる。

➼ さきほど囲んだ数は1つの数として，囲んだ数と囲まなかった数をすべてかけあわせると最小公倍数の420となる。

$$42=2\times3\times7$$
$$60=2\times2\times3\times5$$
$$2\times3=6$$

$$42=2\times3\times7$$
$$60=2\times2\times3\times5$$
$$2\times2\times3\times5\times7=420$$

9 (1) $ab-4a+2b-8$ (2) $xy+2x-y-2$

(3) $x^2+5x-24$ (4) $x^2-10x+25$

7．平方根と式の展開

◆ 基礎を身につけよう ⇒ √ の式でも乗法公式！◆

⇨ $(\sqrt{2}+3)(\sqrt{2}-1)=(\sqrt{2})^2+(3-1)\sqrt{2}+3\times(-1)$

$=2+2\sqrt{2}-3=2\sqrt{2}-1$

⇨ $(\sqrt{2}+1)^2=(\sqrt{2})^2+2\times1\times\sqrt{2}+1^2$

$=2+2\sqrt{2}+1=3+2\sqrt{2}$

⇨ $(\sqrt{2}+1)(\sqrt{2}-1)=(\sqrt{2})^2-1^2=2-1=1$

√ と乗法公式をあわせた計算問題がよく出るよ
√ の部分を文字と考えて乗法公式どおり展開しよう

11 次の計算をしましょう。

★☆☆ (1) $(\sqrt{3}-3)(\sqrt{3}+2)$

★☆☆ (2) $(\sqrt{6}-2)(\sqrt{6}-1)$

★☆☆ (3) $(\sqrt{5}+2)(\sqrt{5}-2)$

★☆☆ (4) $(4+\sqrt{3})(4-\sqrt{3})$

★☆☆ (5) $(\sqrt{6}-\sqrt{2})^2$

★☆☆ (6) $(5+3\sqrt{2})(5-3\sqrt{2})$

★★☆ (7) $(\sqrt{6}+4)(\sqrt{6}-1)-\sqrt{54}$

★★☆ (8) $(\sqrt{2}+1)^2-\dfrac{\sqrt{6}}{\sqrt{3}}$

P.18 

13 (13) $19x-3y$ (14) $\dfrac{3x+y}{2}$ (15) $x^2+2xy+9y^2$ (16) $8x-17$
(17) 1 (18) $3+\sqrt{2}$
14 (1) $(x+7)^2$ (2) $(x-1)(x-7)$
(3) $3(3x+1)(3x-1)$ (4) $(x+3)(x-4)$
15 (1) -32 (2) 1

★★★
(9) $(\sqrt{11}+11\sqrt{2})^2-(\sqrt{11}-11\sqrt{2})^2$

★★★
(10) $(3\sqrt{2}-2\sqrt{3})(3\sqrt{2}+2\sqrt{3})-(\sqrt{2}-2)^2$

12 **次の問いに答えましょう。**

★★☆
(1) $a=\sqrt{2}+1$ のとき，
$a(a-2)$ の値を求めましょう。

★★☆
(2) $x=\sqrt{5}+2$，$y=\sqrt{5}-2$ のとき，
x^2-y^2 の値を求めましょう。

(-_-;) 今さら聞けなくて…④<割合>

%などの割合の使い方を整理しよう！　きっと理科・社会でも役に立つハズ！

☞　1％$=\frac{1}{100}=0.01$　1割$=\frac{1}{10}=0.1$　10％＝1割

☞　全体が500人，男子が200人のとき，男子は全体の $\frac{200}{500}=\frac{2}{5}=0.4$，
つまり $0.4\times100=40$（％），または $0.4\times10=4$（割）にあたる。

☞　200円の20％は $200\times\frac{20}{100}=40$（円），3割は $200\times\frac{3}{10}=60$（円）。

☞　200円の10％引きは，200円の $100-10=90$（％）にあたるから，$200\times\frac{90}{100}=180$（円）。
200円の4割引きは，200円の $10-4=6$（割）にあたるから，$200\times\frac{6}{10}=120$（円）。

☞　1㎥の空気にふくまれる水蒸気量が14.5gで，飽和水蒸気量が23.1g/㎥のときの湿度を，
小数第二位を四捨五入して求めなさい。→ $\frac{14.5}{23.1}\times100=62.77\cdots$ だから，62.8％

10 (1) $9(3a+1)$　(2) $2xy(x-4y)$
(3) $(t+6)(t-1)$　(4) $(x+7)^2$

基礎を固めよう

「1　計算問題」の問題から何問か選んでみたよ。
もう一度解いて，身についた基礎力をしっかり固めよう！

13　次の計算をしましょう。

★☆☆ (1)　$-8+(-7)$

★☆☆ (2)　$9+(-2)\times3$

★★☆ (3)　$\left(-\frac{2}{3}\right)\div\frac{5}{6}+\frac{3}{2}$

★☆☆ (4)　$-2^2+(-4)^2$

★★☆ (5)　$13-(-2)^3\times7$

★★☆ (6)　$\left(\frac{1}{3}-\frac{1}{2}\right)^2+\frac{2}{9}$

★☆☆ (7)　$\sqrt{45}-\sqrt{5}$

★★☆ (8)　$(\sqrt{75}-\sqrt{27})\div\sqrt{3}$

★★★ (9)　$\frac{9}{\sqrt{6}}+\frac{\sqrt{6}}{2}$

★☆☆ (10)　$\frac{3}{2}x^2y\times\frac{4}{3x}$

★★☆ (11)　$2x(3x-1)-(6x^2+5x-9)$

★★★ (12)　$\frac{2x-y}{2}-\frac{3x-2y}{3}$

P.20 

1 (5) $x=1$　(6) $x=-2$　(7) $x=-10$　(8) $x=7$　(9) $x=-6$
(10) $x=5$　(11) $x=6$　(12) $x=-18$　(13) $x=2$　(14) $x=\frac{21}{2}$

★★☆
⒀ $5(x-2y)-7(-2x-y)$

★★★
⒁ $x-y+\frac{x+3y}{2}$

★☆☆
⒂ $(x-3y)^2+8xy$

★★☆
⒃ $(x+4)(x-2)-(x-3)^2$

★☆☆
⒄ $(\sqrt{5}+2)(\sqrt{5}-2)$

★★☆
⒅ $(\sqrt{2}+1)^2-\frac{\sqrt{6}}{\sqrt{3}}$

14　次の式を因数分解しましょう。

★☆☆
(1) $x^2+14x+49$

★★☆
(2) $(x-4)^2-9$

★★☆
(3) $27x^2-3$

★★☆
(4) $(x+4)(x-4)-x+4$

15　次の問いに答えましょう。

★★☆
(1) $x=-1$，$y=-2$のとき，
$20x^2y\div15x\times6y$の値を求めましょう。

★★☆
(2) $a=\sqrt{2}+1$のとき，
$a(a-2)$の値を求めましょう。

P.15

11 (1) $-3-\sqrt{3}$　(2) $8-3\sqrt{6}$　(3) 1　(4) 13
(5) $8-4\sqrt{3}$　(6) 7　(7) 2　(8) $3+\sqrt{2}$

2 方程式

1．1次方程式

◆ 基礎を身につけよう ⇒ 両辺に同じ数をかける(わるときも同じ)！◆

⇨ $\dfrac{x+3}{2}=\dfrac{5}{3}x-2$

> 分数や小数があるときは，分数や小数を消すために両辺に同じ整数をかけよう
> 方程式は，両辺にかけるならどんな数をかけても OK！

両辺に6(2と3の最小公倍数)をかけると，

$$\frac{x+3}{2}\times 6=\frac{5}{3}x\times 6-2\times 6$$

> 次に(　)をはずそう

$$(x+3)\times 3=10x-12$$

$$3x+9=10x-12$$

> 文字を左辺(さへん)に，他の数を右辺(うへん)に集めよう
> 移項(いこう)(反対側の辺に移動すること)するときは，＋と－を逆にする

$$3x-10x=-12-9$$

$$-7x=-21$$

> xについている数で両辺をわる
> 方程式は，両辺を同じ数でわるなら，どんな数でわっても OK！

$$-7x\div(-7)=-21\div(-7)$$

$$x=3$$

1 次の方程式を解きましょう。

★☆☆
(1) $x-5=3$

★☆☆
(2) $7x+5=19$

★☆☆
(3) $6x-2=3x+16$

★☆☆
(4) $x-9=-5x+3$

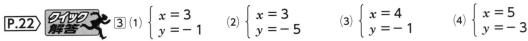

3 (1) $\begin{cases}x=3\\y=-1\end{cases}$ (2) $\begin{cases}x=3\\y=-5\end{cases}$ (3) $\begin{cases}x=4\\y=-1\end{cases}$ (4) $\begin{cases}x=5\\y=-3\end{cases}$

★☆☆ (5) $4x-1=x+2$

★☆☆ (6) $3x+2=-x-6$

★☆☆ (7) $3x+4=2(x-3)$

★☆☆ (8) $x+5=2(x-1)$

★☆☆ (9) $x-(2x-1)=7$

★☆☆ (10) $3x+5=4(2x-5)$

★★☆ (11) $\frac{2}{3}x-1=3$

★★☆ (12) $\frac{x}{3}-\frac{x}{2}=3$

★★☆ (13) $0.4x=0.7x-0.6$

★★☆ (14) $0.7x-3=0.3(x+4)$

13 (1) -15　(2) 3　(3) $\frac{7}{10}$　(4) 12　(5) 69　(6) $\frac{1}{4}$

(7) $2\sqrt{5}$　(8) 2　(9) $2\sqrt{6}$　(10) $2xy$　(11) $-7x+9$　(12) $\frac{y}{6}$

2. ～について解く(等式の変形)

◆ 基礎を身につけよう ⇒ 左辺と右辺はつねに等しい！◆

⇨ ＜例題＞ 次の等式を a について解きましょう。

$$-2c=\frac{-3a+2b}{2}$$

($a=$～ の形にしましょう，ということだね)

(解き方) $\frac{-3a+2b}{2}=-2c$

(a があるほうが左辺になるように入れかえよう 左辺と右辺をぜんぶ入れかえるときは，符号(＋，－)はそのままでいいよ)

$$\frac{-3a+2b}{2}\times 2=-2c\times 2$$

(a が分数の中にあるなら，両辺に数や文字をかけて分数を消そう)

$$-3a+2b=-4c$$

$$-3a=-2b-4c$$

(左辺の文字を a だけにしよう)

$$3a=2b+4c$$

(a の符号が － なら，さきに両辺に －1 をかけよう)

$$a=\frac{2b+4c}{3}$$

(a についてる数や文字で両辺をわって，完成だよ！)

2 次の等式を〔 〕内の文字について解きましょう。

★☆☆ (1) $3a-b=4c$ 〔a〕

★☆☆ (2) $\frac{1}{3}a+5=b$ 〔a〕

★☆☆ (3) $a+\frac{b}{3}=2c$ 〔b〕

★☆☆ (4) $m=\frac{2a+b+c}{4}$ 〔c〕

★★☆ (5) $c=\frac{10a-b}{9}$ 〔b〕

★★☆ (6) $a=\frac{b-2c}{3}$ 〔c〕

P.24

P.24 

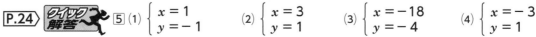

5 (1) $\begin{cases}x=1\\y=-1\end{cases}$ (2) $\begin{cases}x=3\\y=1\end{cases}$ (3) $\begin{cases}x=-18\\y=-4\end{cases}$ (4) $\begin{cases}x=-3\\y=1\end{cases}$

3．連立方程式

◆基礎を身につけよう ⇒ (式＋式)か(式－式)！(加減法)◆

⇨ $\begin{cases} 5x+3y=7 \cdots ① \\ 4x-2y=10 \cdots ② \end{cases}$

①×２＋②×３より，

$$\begin{array}{rrl} & 10x+6y & =14 \\ +) & 12x-6y & =30 \\ \hline & 22x & =44 \\ & x & =2 \end{array}$$

x と y のどちらを消すかを決めて，消す文字についている数が等しくなるように，①と②の両辺に数をかけよう
今回は y を消すよ

消す文字の符号(＋，－)がちがうなら２つの式を足し，符号が同じなら一方の式からもう一方の式を引こう

①に $x=2$ を代入すると，

すでにわかった文字の値を①か②に代入すると，もう一方の文字の値も出てくるよ！

$$5\times2+3y=7$$
$$10+3y=7$$
$$3y=-3$$
$$y=-1$$

$\begin{cases} x=2 \\ y=-1 \end{cases}$

答えはこの形でまとめよう

3 次の連立方程式を解きましょう。

★☆☆ (1) $\begin{cases} 2x-2y=8 \\ 3x+2y=7 \end{cases}$

★☆☆ (2) $\begin{cases} 6x+y=13 \\ 6x+5y=-7 \end{cases}$

★★☆ (3) $\begin{cases} x+3y=1 \\ 2x-y=9 \end{cases}$

★★★ (4) $\begin{cases} 5x-6y=43 \\ 3x+4y=3 \end{cases}$

1 (1) $x=8$　(2) $x=2$　(3) $x=6$　(4) $x=2$

◆ 基礎を身につけよう ⇒ １文字に式をまるごと代入！（代入法）◆

⇨ $\begin{cases} y = 3x - 5 \cdots ① \\ 5x + 2y = 12 \cdots ② \end{cases}$

①をみると，y と $3x-5$ はまったく同じ値だから，②の y を $3x-5$ におきかえてしまおう

②に①を代入すると，

$$5x + 2(3x - 5) = 12$$
$$5x + 6x - 10 = 12$$
$$11x = 22$$
$$x = 2$$

$2y$ の２はそのまま残るよ！気をつけてね

①に $x = 2$ を代入すると，

$x=2$ を代入するのは①でも②でもいいけど，この場合は①の方が計算がラクだね

$$y = 3 \times 2 - 5$$
$$= 6 - 5$$
$$= 1$$

$\begin{cases} x = 2 \\ y = 1 \end{cases}$

4 次の連立方程式を解きましょう。

★☆☆ (1) $\begin{cases} x + 2y = 4 \\ x = 2y \end{cases}$

★★☆ (2) $\begin{cases} x = 3y - 1 \\ 2x - y = 3 \end{cases}$

★★☆ (3) $\begin{cases} y = \frac{1}{2}x \\ 5x - 2y = 16 \end{cases}$

★★☆ (4) $\begin{cases} x - 2y = -2 \\ y = \frac{2}{3}x + 1 \end{cases}$

P.26

P.26

8 (1) $\begin{cases} x = 3 \\ y = -5 \end{cases}$ (2) $\begin{cases} x = 5 \\ y = -3 \end{cases}$ (3) $\begin{cases} x = 2 \\ y = 1 \end{cases}$

(4) $\begin{cases} x = 0 \\ y = 1 \end{cases}$ (5) $\begin{cases} x = -18 \\ y = -4 \end{cases}$ (6) $\begin{cases} x = -3 \\ y = 1 \end{cases}$

◆ 基礎を身につけよう ⇒ まず，式を整理する！◆

⇨ $\begin{cases} 0.5x+0.1y=-0.1 \cdots ① \\ -9x-2y=1 \cdots ② \end{cases}$

①の両辺に10をかけて，$5x+y=-1 \cdots ③$

小数や分数ははじめに消してしまおう

②＋③×2より，

$$\begin{array}{rr} & -9x-2y=1 \\ +) & 10x+2y=-2 \\ \hline & x \qquad =-1 \end{array}$$

③に $x=-1$ を代入すると，

$5\times(-1)+y=-1$

$-5+y=-1$

$y=4$

$\begin{cases} x=-1 \\ y=4 \end{cases}$

5 次の連立方程式を解きましょう。

★★☆ (1) $\begin{cases} 0.2x-0.3y=0.5 \\ 3x+2y=1 \end{cases}$

★★☆ (2) $\begin{cases} 0.9x-y=1.7 \\ 0.3x+y=1.9 \end{cases}$

★★☆ (3) $\begin{cases} x-6y=6 \\ \dfrac{x}{3}-y=-2 \end{cases}$

★★★ (4) $\begin{cases} \dfrac{1}{6}x-\dfrac{1}{2}y=-1 \\ 0.2x+0.5y=-0.1 \end{cases}$

2 (1) $a=\dfrac{b+4c}{3}$ (2) $a=3b-15$ (3) $b=-3a+6c$

(4) $c=-2a-b+4m$ (5) $b=10a-9c$ (6) $c=\dfrac{-3a+b}{2}$

「2 方程式」の問題から何問か選んでみたよ。同じ問題が解けてこそ，本当の基礎力が身につく！

6 次の方程式を解きましょう。

★☆☆ (1) $7x+5=19$

★☆☆ (2) $4x-1=x+2$

★☆☆ (3) $3x+4=2(x-3)$

★☆☆ (4) $3x+5=4(2x-5)$

★★☆ (5) $\frac{2}{3}x-1=3$

★★☆ (6) $\frac{x}{3}-\frac{x}{2}=3$

★★☆ (7) $0.4x=0.7x-0.6$

★★☆ (8) $0.7x-3=0.3(x+4)$

7 次の等式を〔 〕内の文字について解きましょう。

★☆☆ (1) $3a-b=4c$ 〔a〕

★☆☆ (2) $a+\frac{b}{3}=2c$ 〔b〕

★☆☆ (3) $m=\frac{2a+b+c}{4}$ 〔c〕

★★☆ (4) $a=\frac{b-2c}{3}$ 〔c〕

P.28

2 (1) 108° (2) 70° (3) 88°
(4) 78° (5) 42° (6) 35°

8 次の連立方程式を解きましょう。

★☆☆ (1) $\begin{cases} 6x+y=13 \\ 6x+5y=-7 \end{cases}$

★★★ (2) $\begin{cases} 5x-6y=43 \\ 3x+4y=3 \end{cases}$

★☆☆ (3) $\begin{cases} x+2y=4 \\ x=2y \end{cases}$

★★☆ (4) $\begin{cases} x-2y=-2 \\ y=\dfrac{2}{3}x+1 \end{cases}$

★★☆ (5) $\begin{cases} x-6y=6 \\ \dfrac{x}{3}-y=-2 \end{cases}$

★★★ (6) $\begin{cases} \dfrac{1}{6}x-\dfrac{1}{2}y=-1 \\ 0.2x+0.5y=-0.1 \end{cases}$

(-_-;) 今さら聞けなくて…⑤<特別な三角形>

☞ 次のページからは図形を勉強するので，特別な三角形の特ちょうを整理しよう！

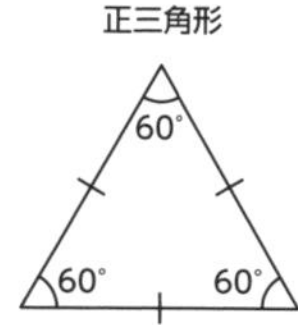

二等辺三角形は角の大きさが１つわかれば，すべての角の大きさを出せるよ

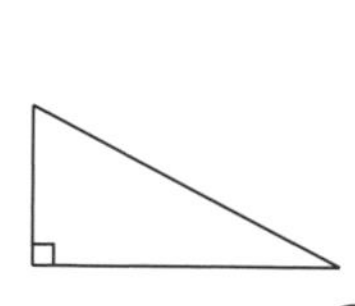

直角二等辺三角形
45°
45°

☞ すべての三角形の面積の出し方は，(底辺)×(高さ)$\times\dfrac{1}{2}$

「÷２」ではなく「$\times\dfrac{1}{2}$」にすると，すぐに約分できるよ

4 (1) $\begin{cases} x=2 \\ y=1 \end{cases}$ (2) $\begin{cases} x=2 \\ y=1 \end{cases}$ (3) $\begin{cases} x=4 \\ y=2 \end{cases}$ (4) $\begin{cases} x=0 \\ y=1 \end{cases}$

図形

1．平行線と角度

◆ 基礎を身につけよう ⇒ 平行線があったら錯角（さっかく）・同位角（どういかく）を使う！ ◆

⇨ ＜例題＞　右の図において，$\ell /\!/ m$ のとき，$\angle b$〜$\angle e$ それぞれの大きさを求めましょう。

（解き方）　$\angle b = \angle a = 60^\circ$

> $\angle a$ と $\angle b$ のような向かいあった２つの角を**対頂角**（たいちょうかく）といい，等しいよ

$\angle c = \angle a = 60^\circ$

$\angle d = \angle a = 60^\circ$

> $\angle a$ と $\angle c$ のような位置関係にある２つの角を**同位角**（どういかく），
> $\angle a$ と $\angle d$ のような位置関係にある２つの角を**錯角**（さっかく）というよ
> $\ell /\!/ m$（「//」は平行を表す記号）のとき，同位角は等しく，錯角も等しいよ

$\angle e = 180^\circ - \angle a = 120^\circ$

> 直線上の角度は180°だから，$\angle a + \angle e = 180^\circ$ だね

1　次の図において，$\ell /\!/ m$ のとき，$\angle x$ の大きさを求めましょう。

★☆☆
(1)

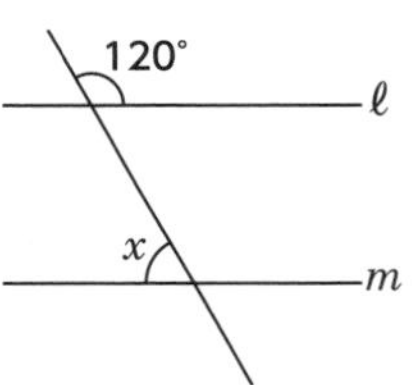

★☆☆
(2)

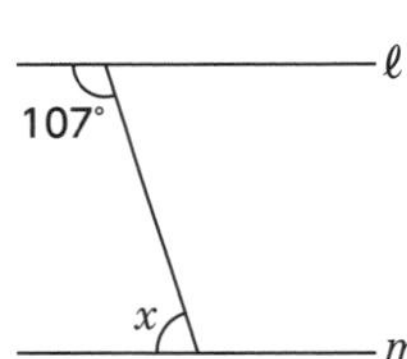

★★☆
(3)

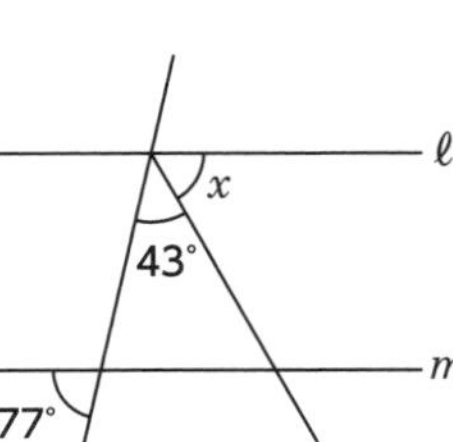

★★☆
(4)

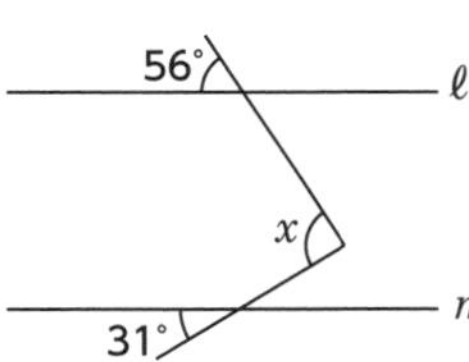

★★☆
(5)

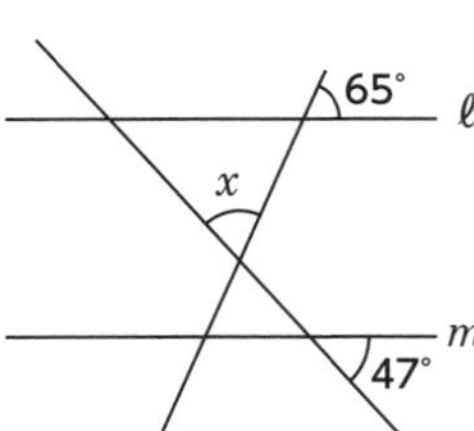

★★★
(6)

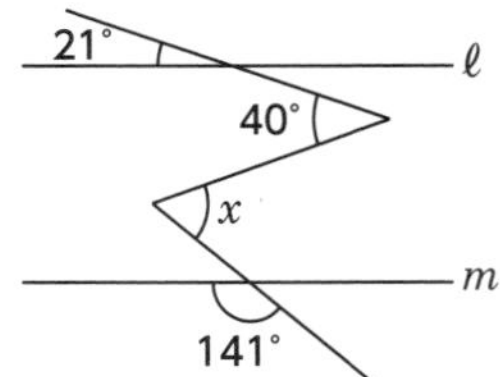

クイック解答は P.30

P.30 クイック解答
6　4㎠　　7　10㎠
8　△ACD，△AFD，△ACE，△ACF，△CFD

◆ 基礎を身につけよう ⇒ 三角形があったら内角(ないかく)の和か外角(がいかく)を使う！ ◆

⇨ ＜例題＞ 右の△ＡＢＣの∠aの大きさを求めましょう。

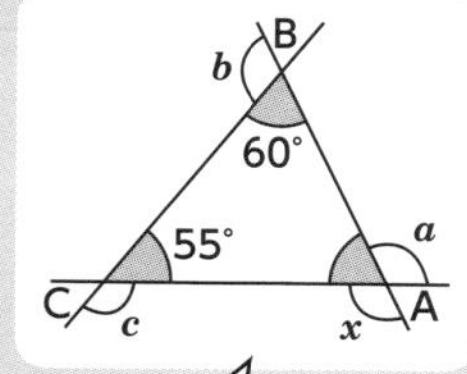

色がついている角を**内角**(ないかく)，∠a，∠b，∠cを**外角**(がいかく)というよ
三角形以外でも同じように内角と外角があるよ

（解き方） $\angle a = 55° + 60° = 115°$

三角形の１つの外角は，それととなりあわない２つの内角の和（合計）に等しいよ（これは三角形だけのルール！）

∠xも頂点Aにおけるもう１つの外角で，∠aと大きさが等しいよ

⇨ ＜例題＞ 右の正六角形の∠aの大きさを求めましょう。

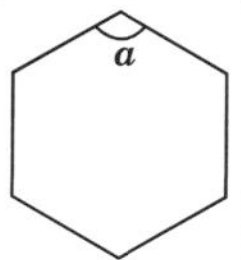

（解き方） 六角形の内角の合計は，
$180° \times (6-2) = 720°$ だから，
$\angle a = 720° \div 6 = 120°$

n角形の内角の和（合計）は，$180° \times (n-2)$だよ

正多角形（辺の長さがすべて等しい多角形）は，内角がすべて等しくて，外角もすべて等しいよ

ちなみに，何角形であっても，多角形の外角の和（三角形なら，３つの外角の和）は，必ず360°だよ

２ 次の図において，∠xの大きさを求めましょう。

★☆☆ (1)

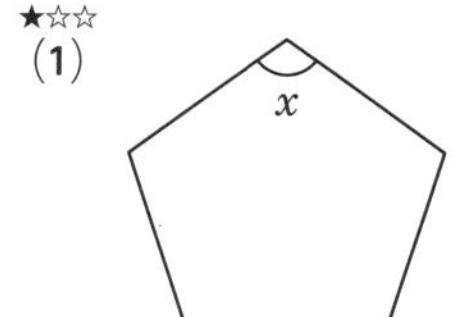

※図の五角形は正五角形です

★☆☆ (2)

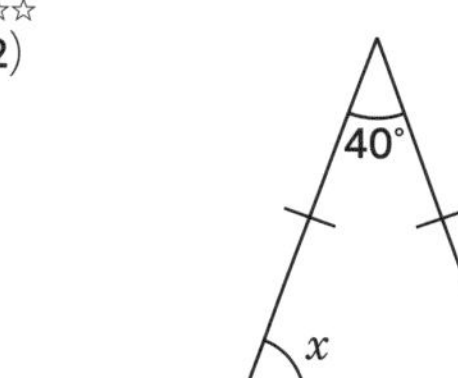

★★☆ (3)

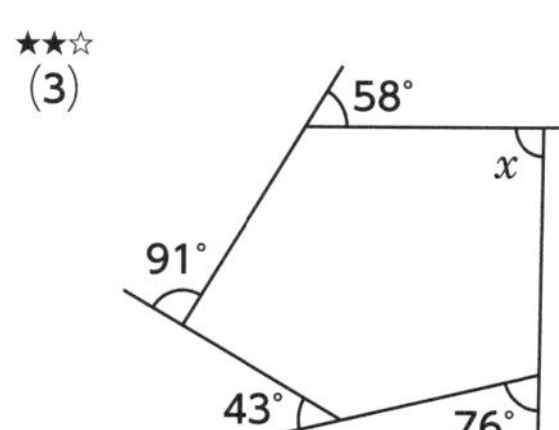

★★☆ (4)

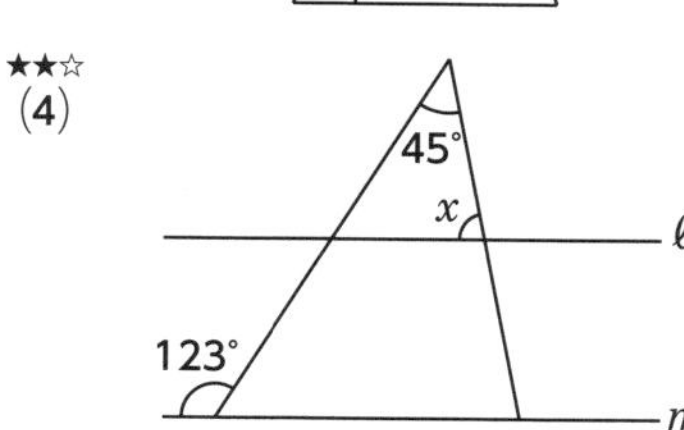

※ ℓ//m

★★☆ (5)

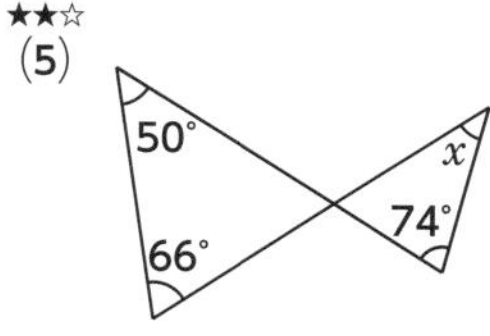

★★★ (6)

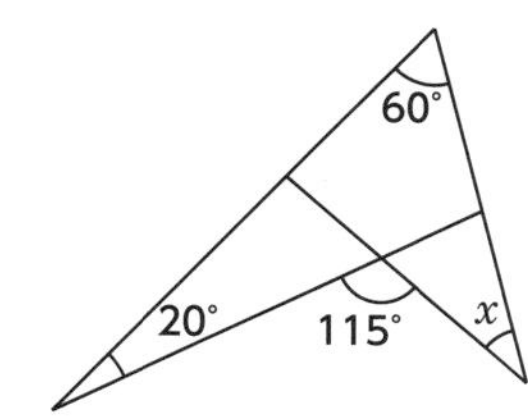

クイック解答は P.25

P.25 クイック解答

6 (1) $x = 2$ (2) $x = 1$ (3) $x = -10$ (4) $x = 5$
(5) $x = 6$ (6) $x = -18$ (7) $x = 2$ (8) $x = \frac{21}{2}$

7 (1) $a = \frac{b + 4c}{3}$ (2) $b = -3a + 6c$ (3) $c = -2a - b + 4m$
(4) $c = \frac{-3a + b}{2}$

3. 三角形と四角形

◆ 基礎を身につけよう ⇒ 平行四辺形の性質は使えるものばかり！ ◆

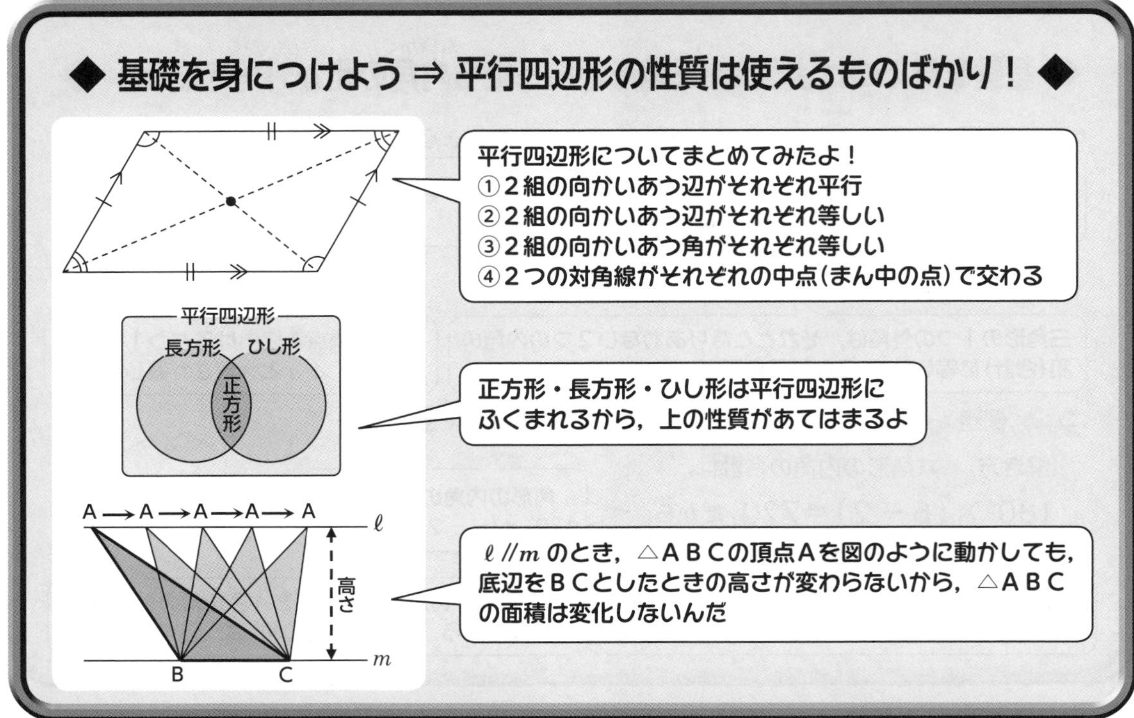
平行四辺形についてまとめてみたよ！
①２組の向かいあう辺がそれぞれ平行
②２組の向かいあう辺がそれぞれ等しい
③２組の向かいあう角がそれぞれ等しい
④２つの対角線がそれぞれの中点（まん中の点）で交わる
平行四辺形
長方形
ひし形
正方形
正方形・長方形・ひし形は平行四辺形に
ふくまれるから，上の性質があてはまるよ
A
A
A
A
A
ℓ
高さ
m
B
C
ℓ //m のとき，△ＡＢＣの頂点Ａを図のように動かしても，
底辺をＢＣとしたときの高さが変わらないから，△ＡＢＣ
の面積は変化しないんだ

★☆☆
3 右の図のように，辺ＢＣの長さが５㎝で，底辺をＢＣとしたときの高さが３㎝の平行四辺形ＡＢＣＤがあります。△ＡＣＤの面積を求めましょう。

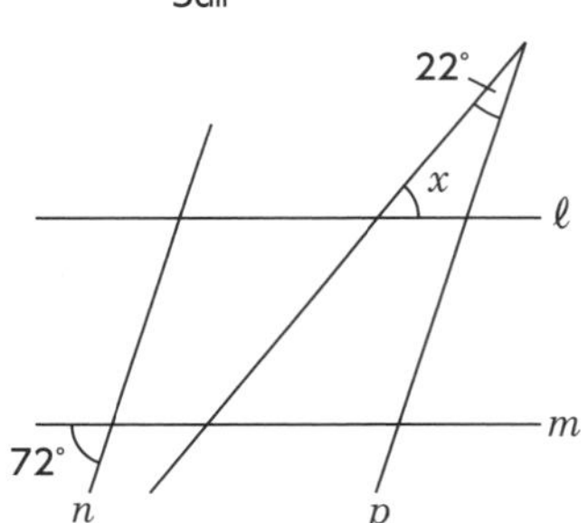
A
D
3㎝
B
5㎝
C

★★☆
4 右の図において，$\ell // m$，$n // p$のとき，$\angle x$の大きさを求めましょう。

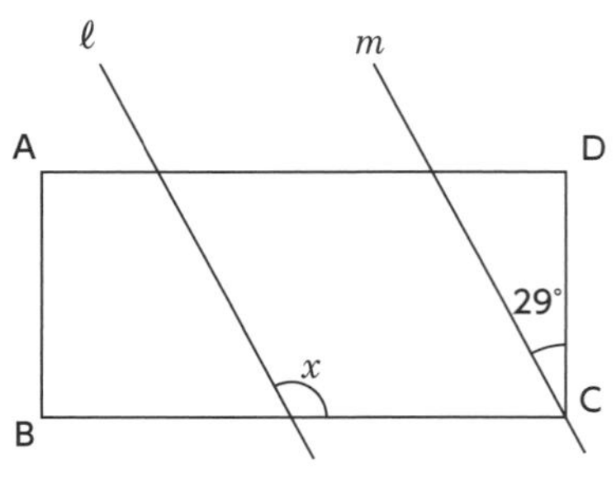
22°
x
ℓ
m
72°
n
p

★★☆
5 右の図のように，長方形ＡＢＣＤの頂点Ｃを通る直線mがあります。$\ell // m$のとき，$\angle x$の大きさを求めましょう。

ℓ
m
A
D
29°
x
B
C

クイック解答は
P.32

P.32

クイック解答

13 9㎤　　14 75㎤　　15 32 π㎤

★☆☆
6 右の図のように，ＡＢ＝２㎝，ＡＤ＝４㎝の長方形ＡＢＣＤがあります。２点Ｍ，Ｎは，それぞれ辺ＡＢ，ＣＤの中点です。四角形ＡＭＣＮの面積を求めましょう。

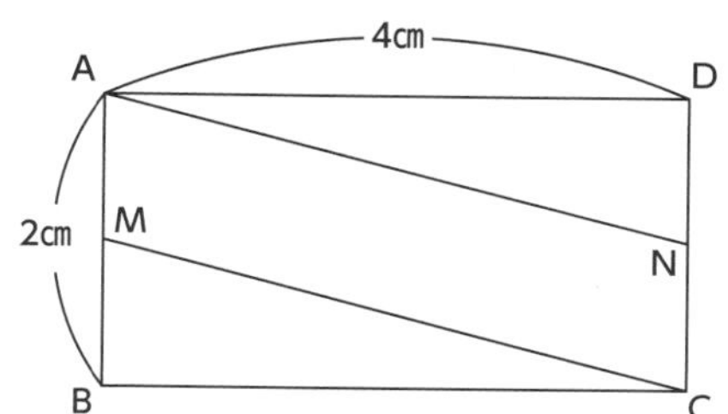

★★☆
7 右の図の平行四辺形ＡＢＣＤの面積が20㎠のとき，△ＢＣＥの面積を求めましょう。

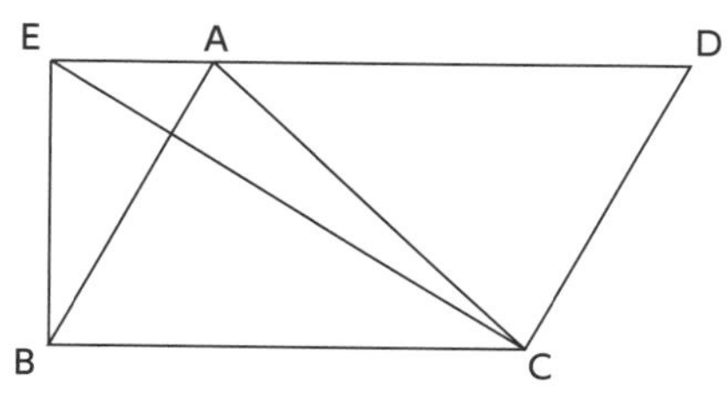

★★★★★
8 右の図の四角形ＡＢＣＤはＡＤ//ＢＣの台形です。ＡＣ//ＥＦのとき，△ＡＢＤと面積が等しい三角形をすべてかきましょう。

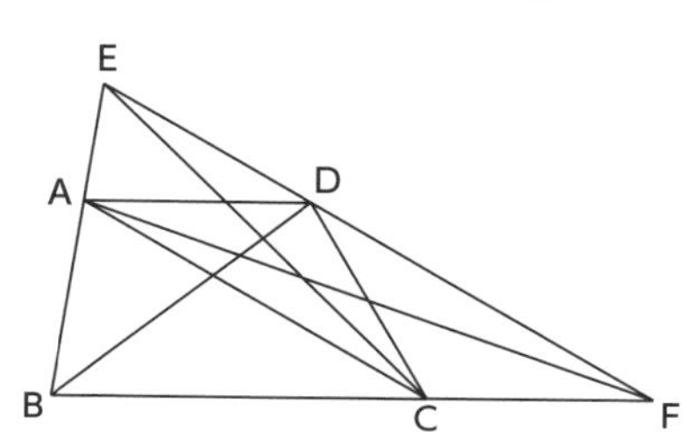

(-_-;)　今さら聞けなくて…⑥<四角形の面積>

特別な四角形の面積の出し方を整理しよう!

正方形はひし形にふくまれるから，これでもいいね

☞ 正方形…(１辺)×(１辺)，または，(対角線)×(対角線)×$\frac{1}{2}$

☞ 長方形…(縦)×(横)

☞ 平行四辺形…(底辺)×(高さ)

三角形2つからできていると考えると覚えやすいよ♬　式で表すと，

{(底辺)×(高さ)×$\frac{1}{2}$}×2

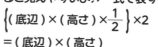

＝(底辺)×(高さ)

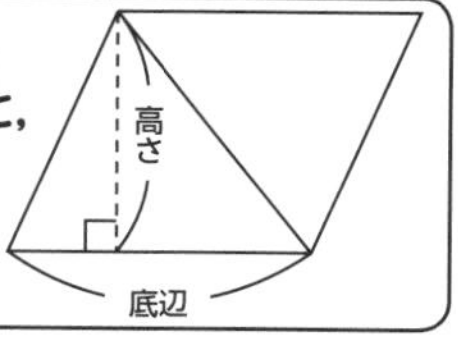

☞ ひし形…(対角線)×(対角線)×$\frac{1}{2}$

☞ 台形…{(上底)＋(下底)}×(高さ)×$\frac{1}{2}$

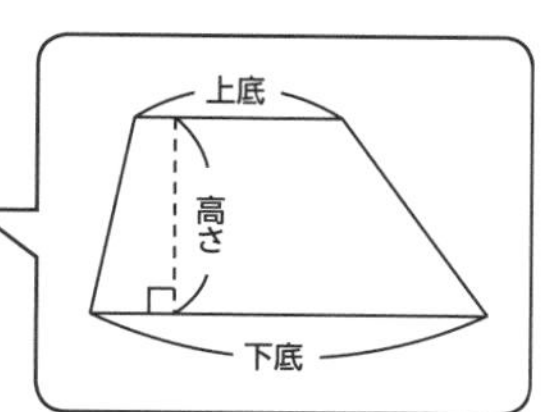

1 (1) 60°　(2) 73°　(3) 60°
(4) 87°　(5) 68°　(6) 58°

4. 円とおうぎ形と球

◆ 基礎を身につけよう ⇒ まるいものにはπ（パイ）がつく！ ◆

⇨ 円の半径を r とすると，(円周) $= 2\pi r$　(円の面積) $= \pi r^2$

（π（パイ）は円周率 (3.14…) を記号で表したものだよ）

⇨ おうぎ形の半径を r，中心角を a° とすると，

(弧（こ）の長さ) $= 2\pi r \times \dfrac{a}{360}$

(おうぎ形の面積) $= \pi r^2 \times \dfrac{a}{360}$

（(円周)や(円の面積)の公式に「$\times\dfrac{a}{360}$」がついただけだね）

⇨ 球の半径を r とすると，(球の表面積) $= 4\pi r^2$

（表面的には，心配 ある ふり ／ 表面積 4π r 2）

(球の体積) $= \dfrac{4}{3}\pi r^3$

（身の上 心配， アルミ が 堆積（たいせき） ／ ／3 4π r 3 体積）

★☆☆
9 右の図のおうぎ形の弧の長さを求めましょう。

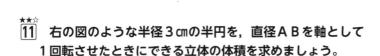

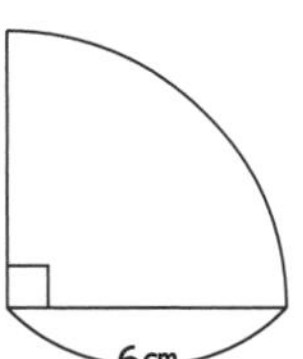

★☆☆
10 半径が２㎝の球の表面積を求めましょう。

★★☆
11 右の図のような半径３㎝の半円を，直径ＡＢを軸として１回転させたときにできる立体の体積を求めましょう。

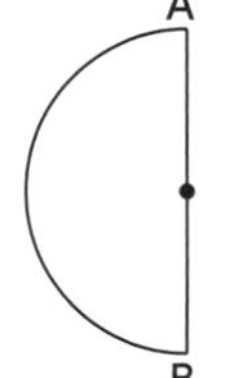

★★★
12 右の図において，中心角が大きいほうのおうぎ形ＯＡＢの面積を求めましょう。

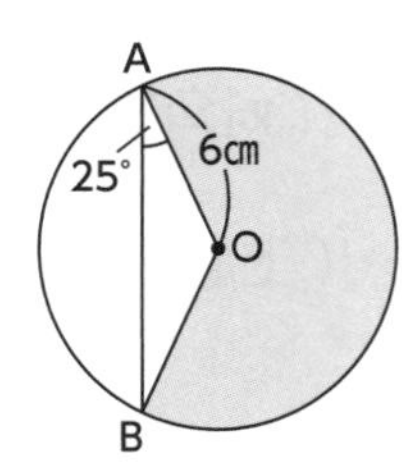

P.34 クイック解答

19 (1) 87°　(2) 68°　(3) 58°　(4) 108°
(5) 42°　(6) 35°　**20** 10㎠

5. 角柱と円柱，角すいと円すい

◆ 基礎を身につけよう ⇒「～すい」の体積は「$\times \frac{1}{3}$」をつけるだけ！◆

⇨ 角柱(三角柱・四角柱など)と円柱の体積は，

(底面積)×(高さ)

⇨ 角すい(三角すい・四角すいなど)と円すいの体積は，

(底面積)×(高さ)×$\frac{1}{3}$

「～柱」の体積に「$\times \frac{1}{3}$」がついただけだね

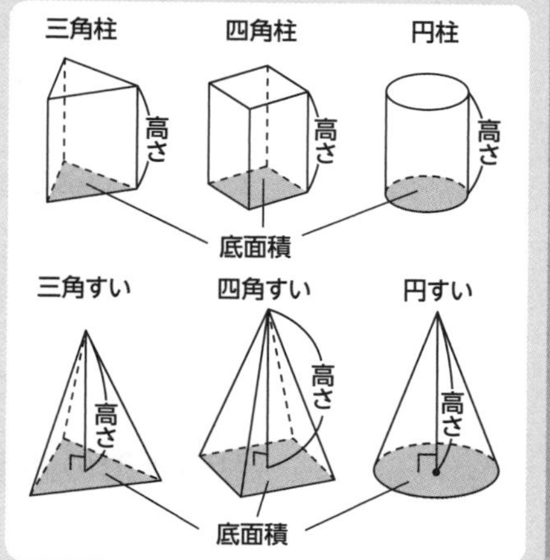

★☆☆
13 右の図のように三角すいＡＢＣＤがあり，ＡＤ＝６㎝，ＢＤ＝ＣＤ＝３㎝，∠ＡＤＢ＝∠ＡＤＣ＝∠ＢＤＣ＝90°です。三角すいＡＢＣＤの体積を求めましょう。

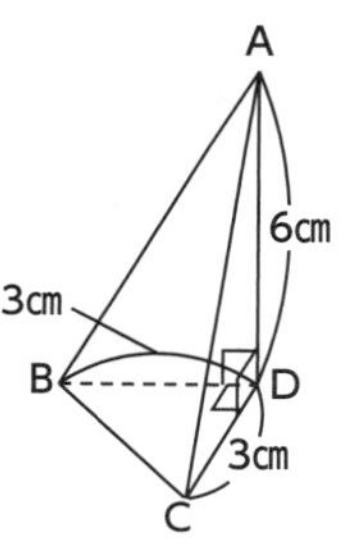

★★☆
14 右の図は，底面の１辺の長さが５㎝で，高さが９㎝の正四角すいです。この正四角すいの体積を求めましょう。

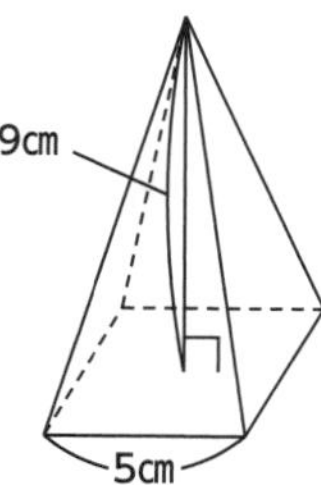

★★★
15 右の図のように直角三角形ＡＢＣがあり，ＡＢ＝６㎝，ＢＣ＝４㎝，∠ＡＢＣ＝90°です。この直角三角形ＡＢＣを，辺ＡＢを軸として１回転させたときにできる立体の体積を求めましょう。

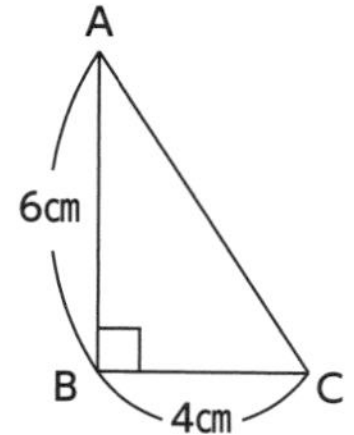

P.29

3 $\frac{15}{2}$ ㎠　4 50°　5 119°

6. 円すいの展開図

◆ 基礎を身につけよう ⇒ 円すいの展開図はおうぎ形と円！ ◆

⇨ ＜例題＞ 次の円すいの表面積を求めましょう。

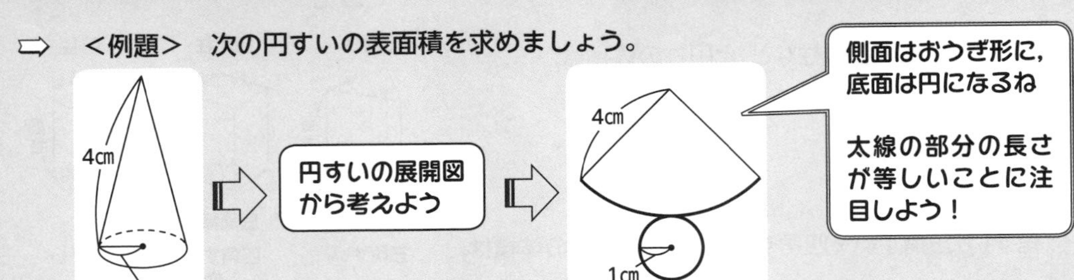

（解き方） （おうぎ形の弧の長さ）＝（底面の円周）＝$2\pi \times 1 = 2\pi$（cm）

（おうぎ形の面積）＝$\frac{1}{2}$×（弧の長さ）×（半径）

$= \frac{1}{2} \times 2\pi \times 4 = 4\pi$（cm²）

（弧の長さ）と（半径）がわかれば，中心角がわからなくてもおうぎ形の面積は出せるよ♪

底面積は $\pi \times 1^2 = \pi$（cm²）だから，円すいの表面積は，$4\pi + \pi = 5\pi$（cm²）

★★☆
16 右の図の円すいの表面積を求めましょう。

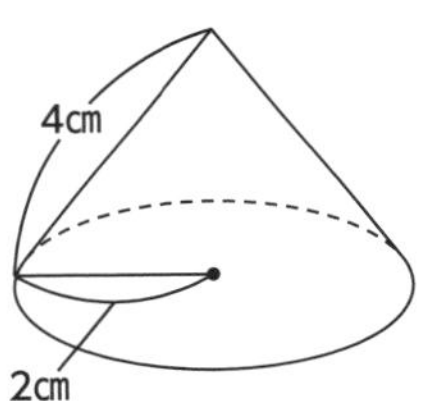

★★★
17 右の図のように直角三角形ＡＢＣがあり，ＡＢ＝３cm，ＡＣ＝５cm，∠ＡＢＣ＝90°です。この直角三角形ＡＢＣを，辺ＢＣを軸として１回転させたときにできる立体の表面積を求めましょう。

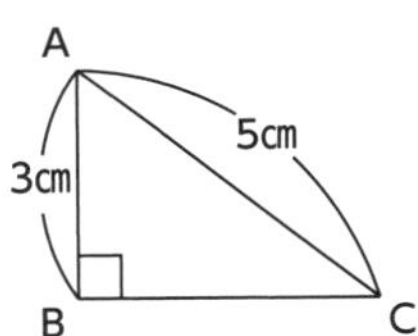

★★★
18 右の図のように，円すいの展開図があります。底面の円Ｏの半径を求めましょう。

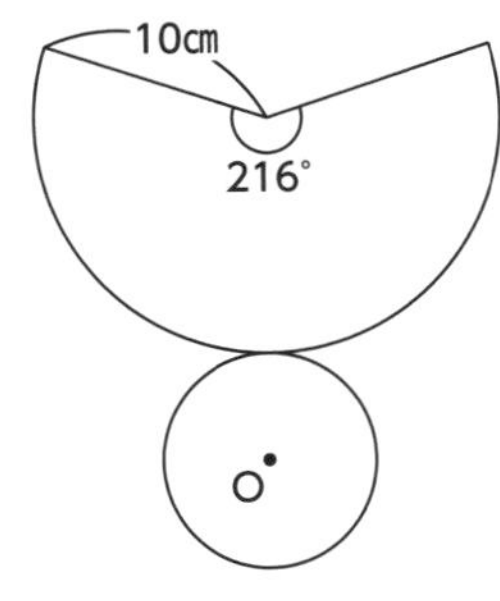

1 (1) $y = 6$　(2) -12　(3) $y = 4$　(4) $y = -5$

「3 図形」の問題から何問か選んでみたよ。
解けない問題をゼロにすることが基礎力のアップにつながる！

19 次の図において，$\angle x$ の大きさを求めましょう。ただし，(1)～(3)では，$\ell // m$ です。

★★☆
(1)
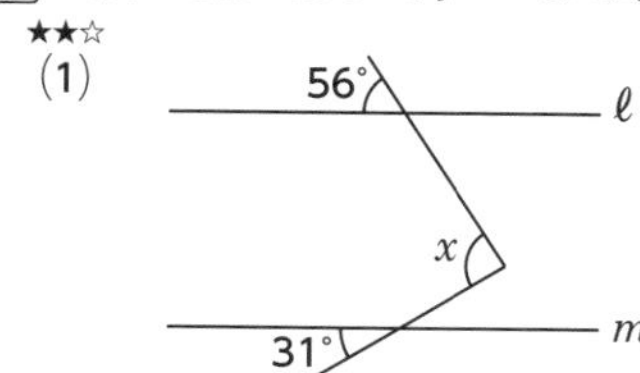

★★☆
(2)
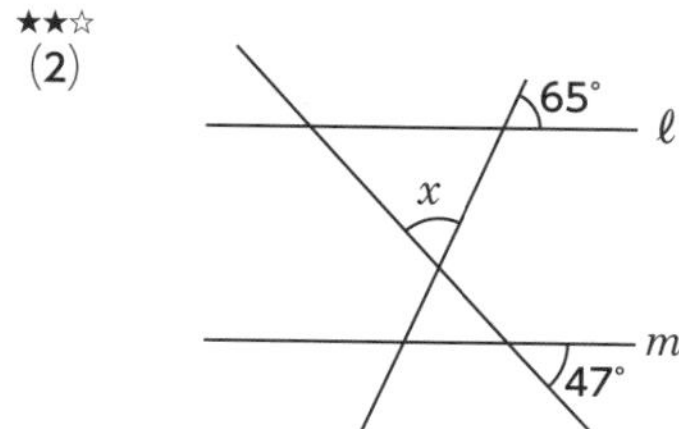

★★★
(3)
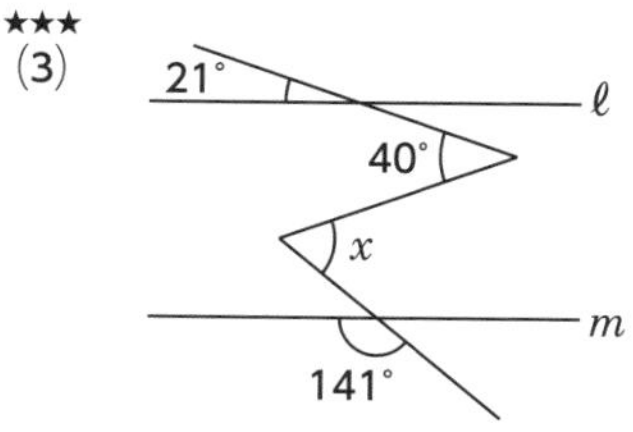

★☆☆
(4)
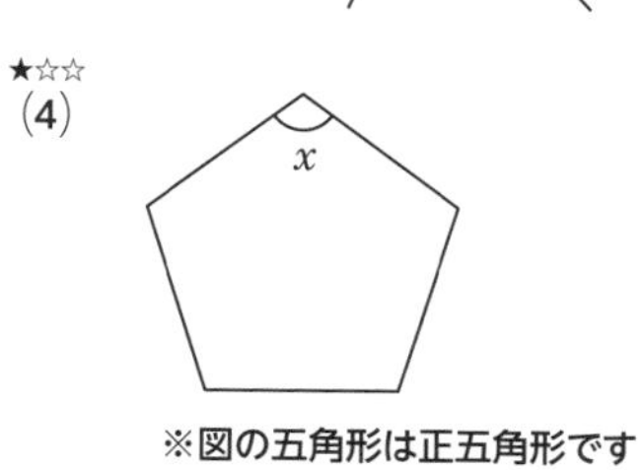

※図の五角形は正五角形です

★★☆
(5)
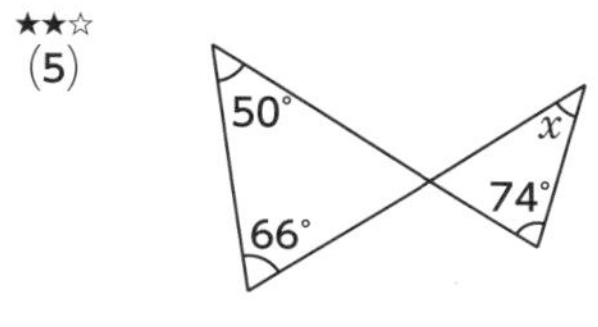

★★★
(6)
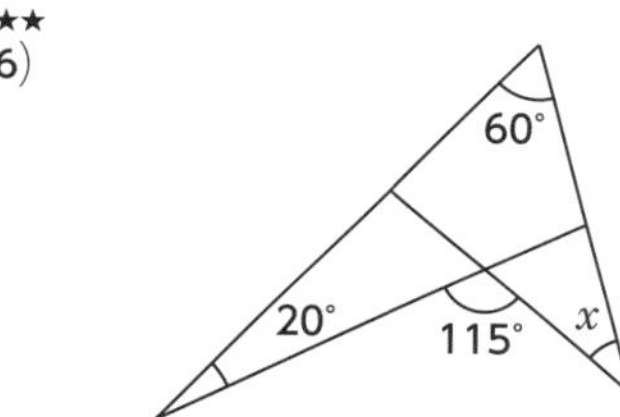

★★☆
20 右の図の平行四辺形ＡＢＣＤの面積が20㎠のとき，△ＢＣＥの面積を求めましょう。

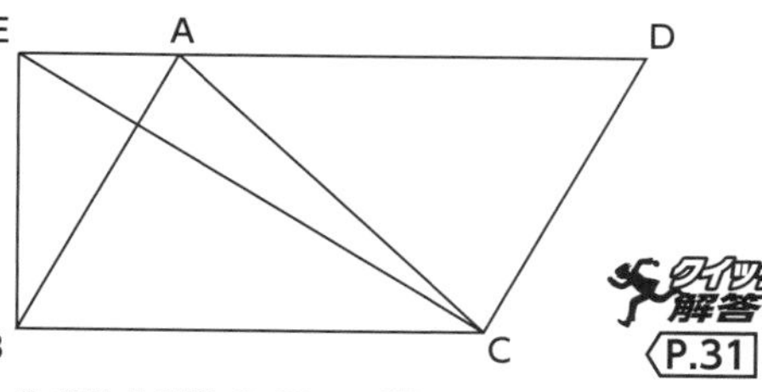

クイック解答は P.31

(^o^)/ だれかに言いたいかも④<角度のズルい出し方>

➳ 角度を求める問題でよく出る以下の形は，角度の関係を暗記しちゃおう！

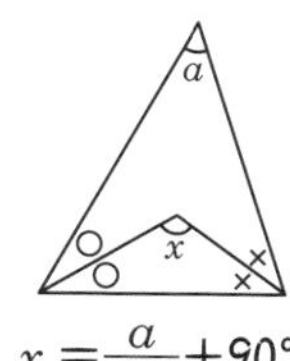

$x = \frac{a}{2} + 90°$

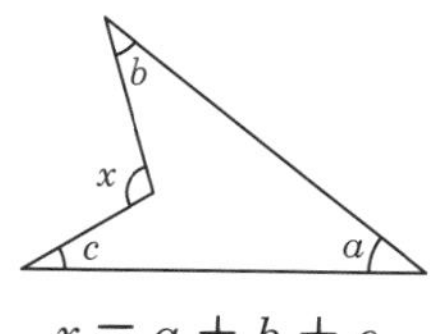

$x = a + b + c$

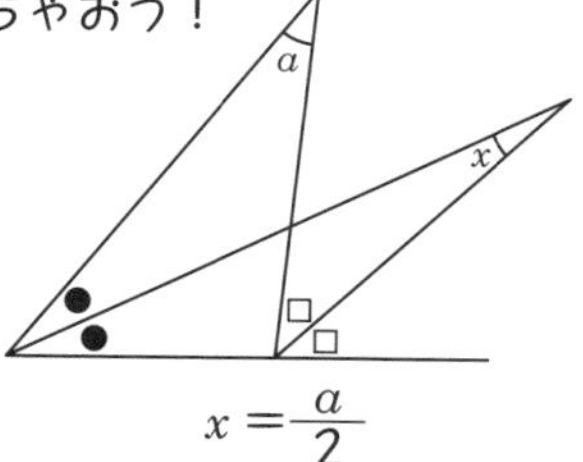

$x = \frac{a}{2}$

なぜ上の式が成り立つかは，自分で等式をつくって確認してみてね。

9 3π cm　10 16π ㎠　11 36π ㎤　12 23π ㎠

★☆☆
21 半径が２㎝の球の表面積を求めましょう。

★★★
22 右の図において，中心角が大きいほうのおうぎ形ＯＡＢの面積を求めましょう。

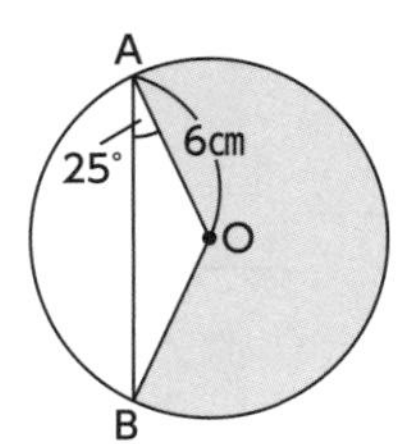

★☆☆
23 右の図のように三角すいＡＢＣＤがあり，ＡＤ＝６㎝，ＢＤ＝ＣＤ＝３㎝，∠ＡＤＢ＝∠ＡＤＣ＝∠ＢＤＣ＝90°です。三角すいＡＢＣＤの体積を求めましょう。

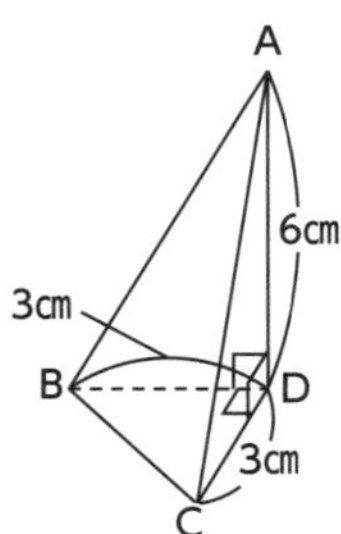

★★★
24 右の図のように直角三角形ＡＢＣがあり，ＡＢ＝３㎝，ＡＣ＝５㎝，∠ＡＢＣ＝90°です。この直角三角形ＡＢＣを，辺ＢＣを軸として１回転させたときにできる立体の表面積を求めましょう。

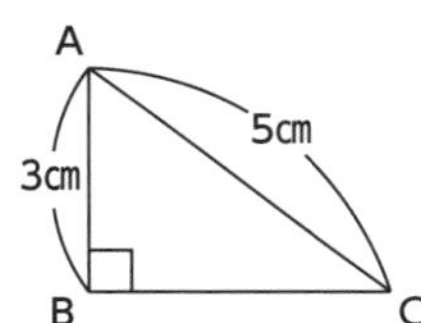

(^o^)/ だれかに言いたいかも⑤<円すいの側面積のズルい出し方>

➾ 右の図のような円すいの展開図があるとき，

（側面のおうぎ形の面積）＝$\pi r x$ が成り立つよ。

また，（側面のおうぎ形の中心角）について，

$a = 360° \times \frac{x}{r}$ が成り立つよ。

いずれも，すでに勉強した式を変形したものなんだ。

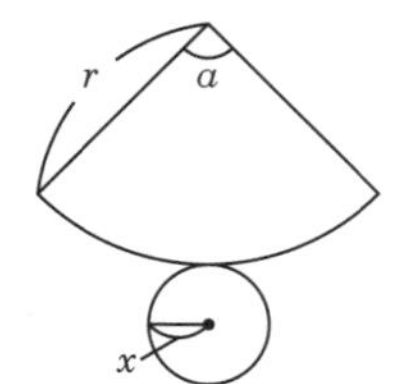

④ −１　⑤ $y = x + 4$　⑥ $y = \frac{8}{5}x + \frac{21}{5}$

4 比例・反比例と１次関数

１．比例・反比例と１次関数の式

◆ 基礎を身につけよう ⇒ 比例は１次関数の特別な形！ ◆

⇨ 比例の式は，$y = ax$

⇨ 反比例の式は，$y = \dfrac{a}{x}$

⇨ １次関数の式は，$y = ax + b$

x と y に入る数はいろいろ変わるけど，a と b には定数（ある１つの数）が入るよ
比例の式と反比例の式において，a を比例定数というんだよ

比例の式は１次関数の式にふくまれるよ
$y = ax + b$ で $b = 0$ のときが比例の式だね

ここに注目！

⇨ ＜例題＞ y は x に比例し，$x = 2$ のとき $y = 8$ です。$x = 3$ のときの y の値を求めましょう。

（解き方） y は x に比例するので，x と y の式を $y = ax$ とおき，$x = 2$，$y = 8$ を代入すると，

$8 = a \times 2 \quad a = 8 \div 2 = 4$

したがって，比例の式は $y = 4x$ だから，この式に $x = 3$ を代入すると，

$y = 4 \times 3 = 12$

1 次の問いに答えましょう。

★☆☆
(1) y は x に比例し，$x = 2$ のとき $y = 4$ です。$x = 3$ のときの y の値を求めましょう。

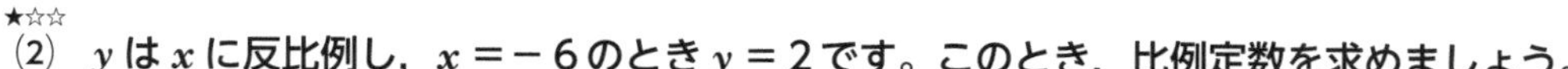

★☆☆
(2) y は x に反比例し，$x = -6$ のとき $y = 2$ です。このとき，比例定数を求めましょう。

★☆☆
(3) y は x に反比例し，$x = 2$ のとき $y = 8$ です。$x = 4$ のときの y の値を求めましょう。

★☆☆
(4) 関数 $y = -2x + 3$ において，$x = 4$ のときの y の値を求めましょう。

P.33

P.33

⑯ 12π ㎠　　⑰ 24π ㎠　　⑱ 6 ㎝

2. 1次関数のグラフ

◆ 基礎を身につけよう ⇒ 直線の式は傾き（かたむ）きと切片（せっぺん）で決まる！ ◆

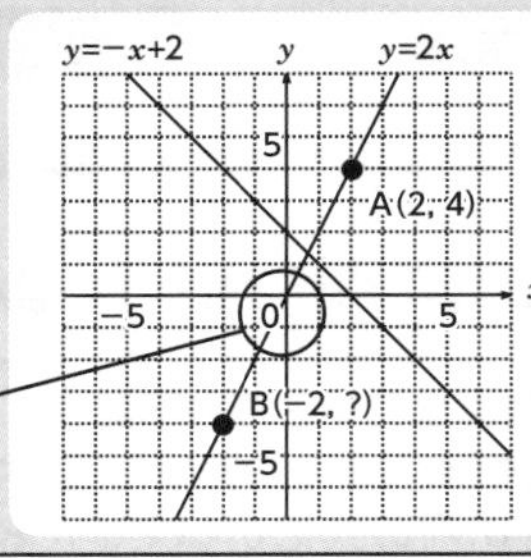

1次関数 $y = ax + b$ のグラフは直線になるよ
$a > 0$ だと，右上がりの直線，
$a < 0$ だと，右下がりの直線になるんだよ

$y = 2x$ のグラフ上の点の x 座標と y 座標を比べると，つねに $y = 2x$ が成り立つよ
だから，左の図の点Bの y 座標は，$y = 2x$ に $x = -2$ を代入して，$y = 2 \times (-2) = -4$ だとわかるよ

原点O（オー）…座標で表すと $(0, 0)$

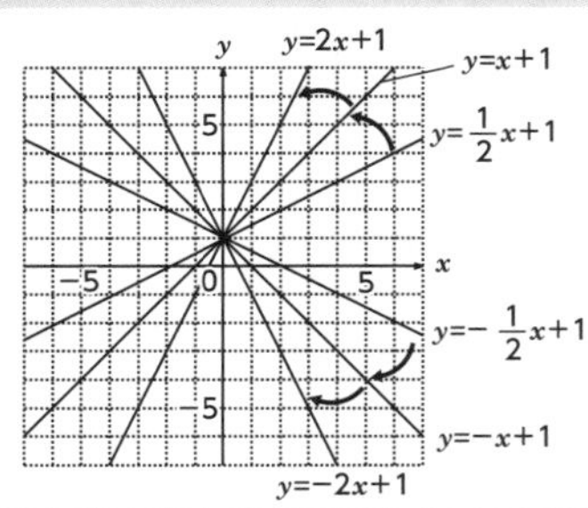

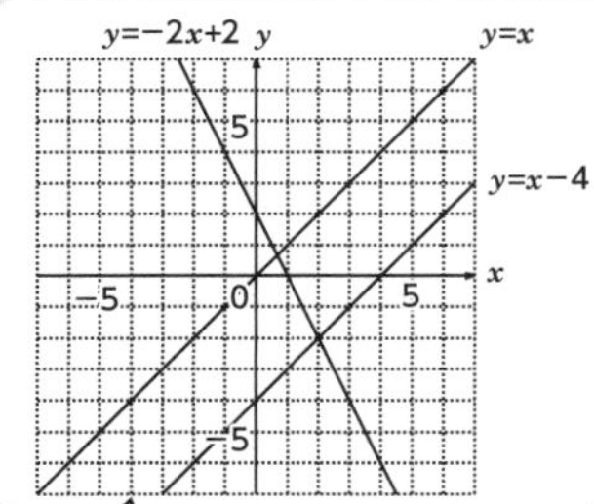

1次関数の式 $y = ax + b$ の a はグラフの**傾き**（かたむ）きを表すよ
a の絶対値（＋，−をのぞいた値）が大きいほど，図の矢印のように，直線はたて向きになるよ

1次関数 $y = ax + b$ のグラフと y 軸との交点の座標は $(0, b)$ になり，b をその直線の**切片**（せっぺん）というんだ（y 軸上の点はすべて x 座標が0だね）
原点を通る直線の切片は0だよ

2 次の点の座標を求めましょう。

★☆☆ (1) $y = \frac{2}{3}x + 7$ のグラフと y 軸との交点。

★☆☆ (2) $y = -\frac{1}{2}x + 2$ のグラフ上の点で，y 座標が3の点。

3 次の直線の式を求めましょう。

★☆☆ (1) 点 $(0, -5)$ を通り，傾きが1の直線。

★★☆ (2) 点 $(-1, 6)$ を通り，切片が3の直線。

11 $(1, 3)$　12 $y = 2x + 5$　13 $\left(-\frac{5}{4},\ 1\right)$

3. 2点を通る直線の式

◆ 基礎を身につけよう ⇒ 2点の座標がわかれば直線の式は出せる！ ◆

⇨ ＜例題＞ 2点(1，2)，(4，5)を通る直線の式を求めましょう。

(解き方) 求める直線の式を$y=ax+b$とおき，$x=1$，$y=2$を代入すると，

$2=a\times1+b$　$2=a+b$　$a+b=2$…①

$y=ax+b$に$x=4$，$y=5$を代入すると，

連立方程式をつくって解くだけだよ

$5=a\times4+b$　$5=4a+b$　$4a+b=5$…②

①，②を連立方程式として解く。②−①より，

$$\begin{array}{rrl} & 4a+b & =5 \\ -) & a+b & =2 \\ \hline & 3a & =3 \\ & a & =1 \end{array}$$

①に$a=1$を代入すると，

$1+b=2$　$b=1$

よって，求める直線の式は，$y=x+1$

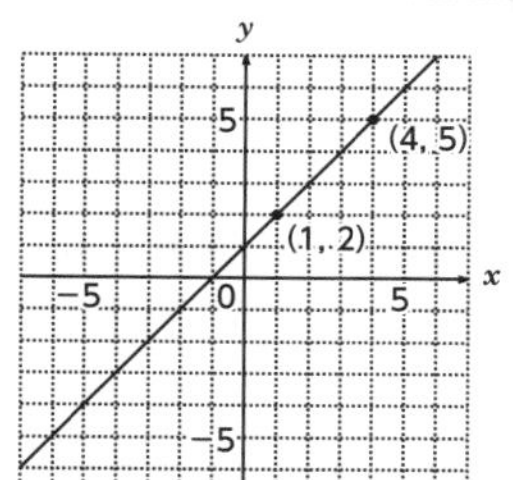

★★☆
4 2点(−4，16)，(3，9)を通る直線の傾きを求めましょう。

★★☆
5 2点(−2，2)，(4，8)を通る直線の式を求めましょう。

★★☆
6 2点(−2，1)，(3，9)を通る直線の式を求めましょう。

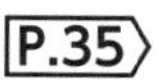

21 16 π㎠　22 23 π㎠　23 9㎤　24 24 π㎠

★★☆
7 2点(－2，3)，(8，－2)を通る直線と，y 軸との交点の座標を求めましょう。

★★☆
8 2点(－3，－3)，(5，1)を通る直線と，x 軸との交点の座標を求めましょう。

★★☆
9 3点(0，2)，(3，5)，(a，1)が一直線上にあるとき，a の値を求めましょう。

10 下の図の四角形ＯＡＢＣは１辺の長さが４の正方形です。このとき，次の問いに答えましょう。ただし，座標平面上の１目盛りの長さを１とします。

★★☆
(1) 直線ＡＣの式を求めましょう。

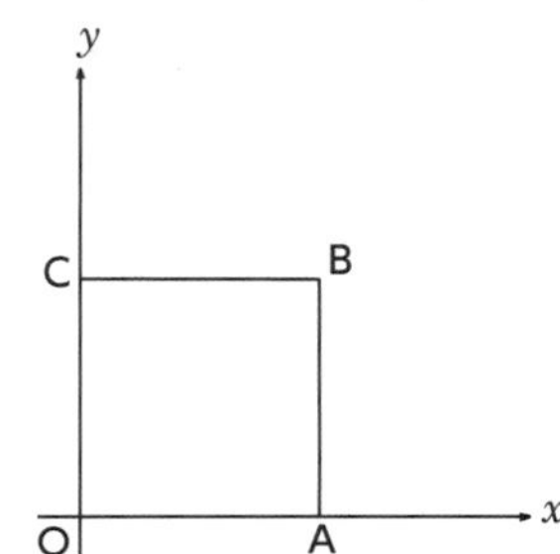

★★☆
(2) 直線ＯＢの式を求めましょう。

(^o^)/ だれかに言いたいかも⑥<２点間の長さ>

座標平面上で x 座標か y 座標が等しい２点間の長さは，次の式で出せるよ。

➡ x 座標が等しいとき，(大きいほうの y 座標)－(小さいほうの y 座標)

(例)右の図の線分ＡＢの長さは，４－(－２)＝６

➡ y 座標が等しいとき，(大きいほうの x 座標)－(小さいほうの x 座標)

(例)右の図の線分ＡＣの長さは，３－t

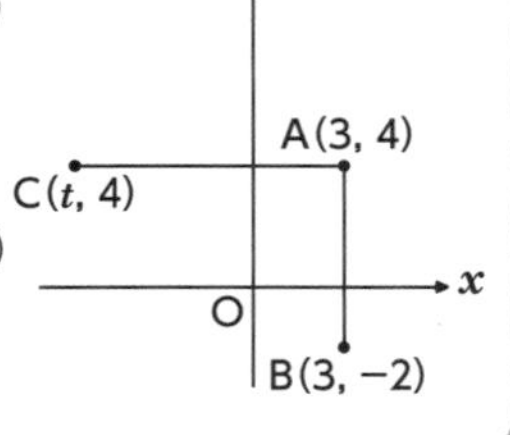

17 (1) $y=6$	(2) $y=4$	(3) $y=-5$	18 $y=-3x+3$
19 (－2，3)	20 (0，2)	21 $a=-1$	22 $y=2x+5$

4. 2直線の交点，平行な直線

◆基礎を身につけよう ⇒ 2直線の式がわかれば交点の座標は出せる！◆

⇨ ＜例題＞ 直線 $y = 2x - 3$ …①と直線 $y = -4x + 3$ …②の交点の座標を求めましょう。

（解き方） ①と②の式を連立方程式として解くと，交点の座標が求められる。

2つの式の右辺を ＝ でつなげよう

$2x - 3 = -4x + 3$ より，$6x = 6$　$x = 1$

①に $x = 1$ を代入すると，$y = 2 \times 1 - 3 = -1$

よって，交点の座標は，$(1, -1)$

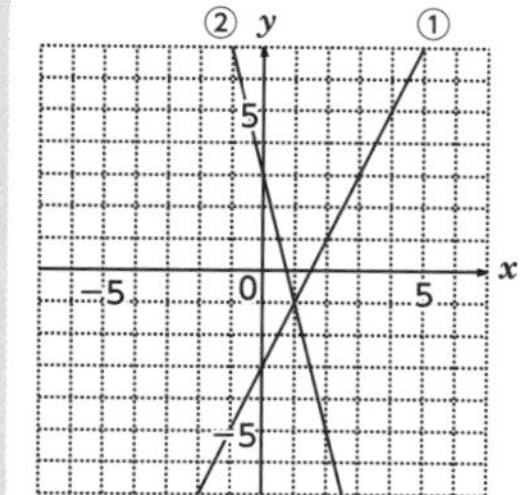

⇨ 平行な直線は交わらない。

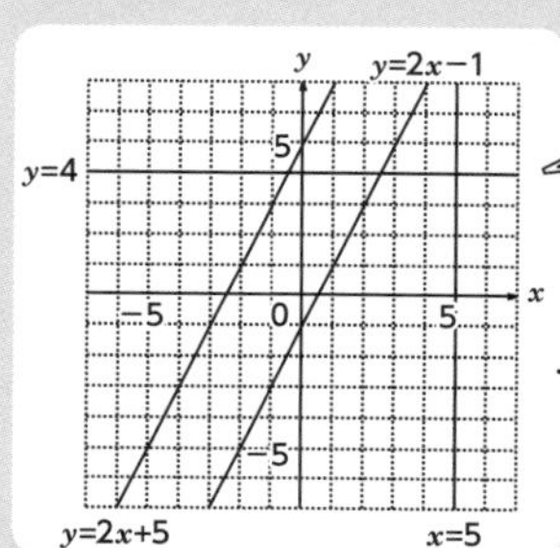

図の2直線 $y = 2x + 5$ と $y = 2x - 1$ のように，**傾きが等しい直線は平行**になるんだよ

y 軸に平行な直線の式は，$x = \square$
x 軸に平行な直線の式は，$y = \square$
になるよ

★★☆
11 2直線 $y = -3x + 6$，$y = 5x - 2$ の交点の座標を求めましょう。

★★☆
12 直線 $y = 2x + 1$ と平行で，点 $(3, 11)$ を通る直線の式を求めましょう。

★★☆
13 2点 $(-2, 4)$，$(0, -4)$ を通る直線 ℓ と，直線 $y = 1$ との交点の座標を求めましょう。

P.37
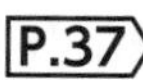

2 (1) $(0, 7)$　(2) $(-2, 3)$　**3** (1) $y = x - 5$　(2) $y = -3x + 3$

14 下の図において，直線 ℓ の式は $y=-x+3$ で，直線 m は2点A$(-3,\ 0)$，B$(0,\ 6)$を通ります。2直線 ℓ，m の交点をCとするとき，次の問いに答えましょう。

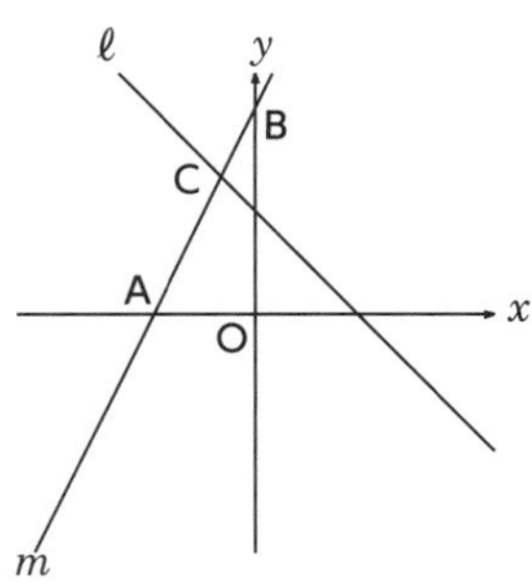

★★☆ (1) 直線 m の式を求めましょう。

★★☆ (2) 点Cの座標を求めましょう。

15 下の図において，直線 ℓ は点A$(-4,\ 0)$を通り傾きが $\dfrac{3}{2}$，直線 m の式は $y=-3x+24$ であり，ℓ と m は点Bで交わっています。このとき，次の問いに答えましょう。

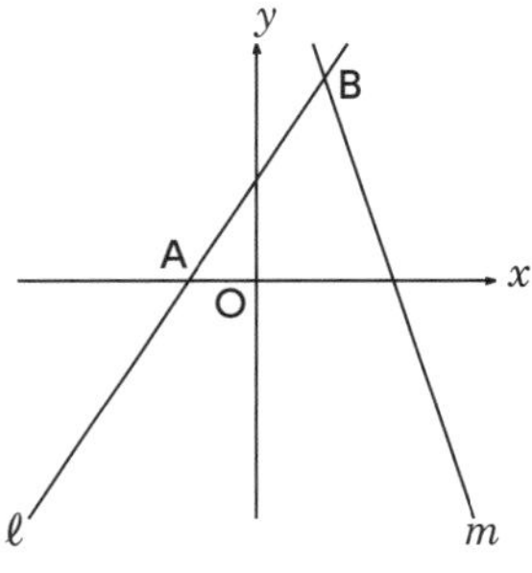

★★☆ (1) 直線 ℓ の式を求めましょう。

★★☆ (2) 点Bの座標を求めましょう。

16 下の図において，直線 ℓ の式は $y=-\dfrac{3}{4}x+a$，直線 m の式は $y=x-2$ であり，ℓ と m は点Aで交わっています。また，2直線 ℓ，m はそれぞれ y 軸と点B，Cで交わっており，点Bの y 座標は点Cの y 座標よりも大きく，BCの長さは7です。このとき，次の問いに答えましょう。

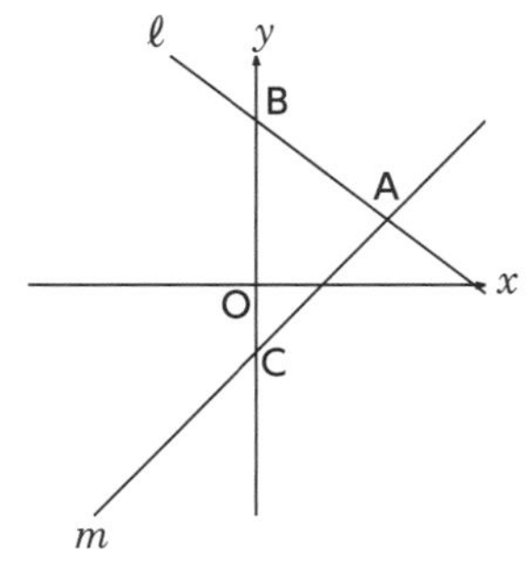

★★☆ (1) a の値を求めましょう。

★★★ (2) △ABCの面積を求めましょう。

基礎を固めよう

「4 比例・反比例と１次関数」の問題から何問か選んでみたよ。
関数の問題は実はワンパターンだから，基礎力があれば簡単！

17 次の問いに答えましょう。

★☆☆ (1) y は x に比例し，$x=2$ のとき $y=4$ です。$x=3$ のときの y の値を求めましょう。

★☆☆ (2) y は x に反比例し，$x=2$ のとき $y=8$ です。$x=4$ のときの y の値を求めましょう。

★☆☆ (3) 関数 $y=-2x+3$ において，$x=4$ のときの y の値を求めましょう。

★★☆ 18 点$(-1, 6)$を通り，切片が３の直線の式を求めましょう。

★☆☆ 19 $y=-\frac{1}{2}x+2$ のグラフ上の点で，y 座標が３の点の座標を求めましょう。

★★☆ 20 ２点$(-2, 3)$，$(8, -2)$を通る直線と，y 軸との交点の座標を求めましょう。

★★☆ 21 ３点$(0, 2)$，$(3, 5)$，$(a, 1)$が一直線上にあるとき，a の値を求めましょう。

★★☆ 22 直線 $y=2x+1$ と平行で，点$(3, 11)$を通る直線の式を求めましょう。

P.39

P.39

7 $(0, 2)$　8 $(3, 0)$　9 $a=-1$
10 (1) $y=-x+4$　(2) $y=x$

★★☆
23　2点(－2，4)，(0，－4)を通る直線 ℓ と，直線 $y=1$ との交点の座標を求めましょう。

24　下の図の四角形OABCは1辺の長さが4の正方形です。このとき，次の問いに答えましょう。ただし，座標平面上の1目盛りの長さを1とします。

★★☆
(1)　直線ACの式を求めましょう。

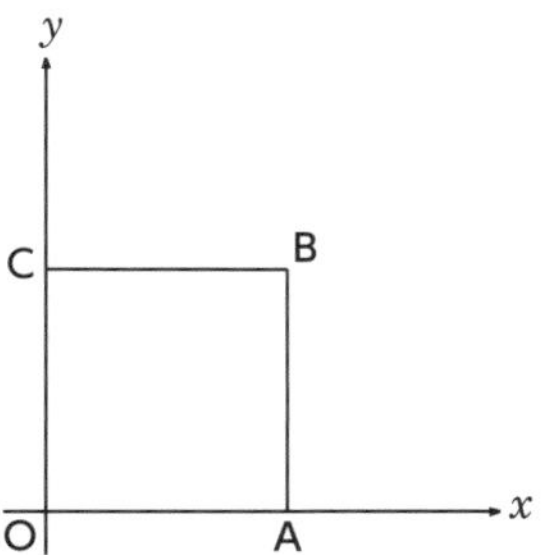

★★☆
(2)　直線OBの式を求めましょう。

25　下の図において，直線 ℓ の式は $y=-\frac{3}{4}x+a$，直線 m の式は $y=x-2$ であり，ℓ と m は点Aで交わっています。また，2直線 ℓ，m はそれぞれ y 軸と点B，Cで交わっており，点Bの y 座標は点Cの y 座標よりも大きく，BCの長さは7です。このとき，次の問いに答えましょう。

★★☆
(1)　a の値を求めましょう。

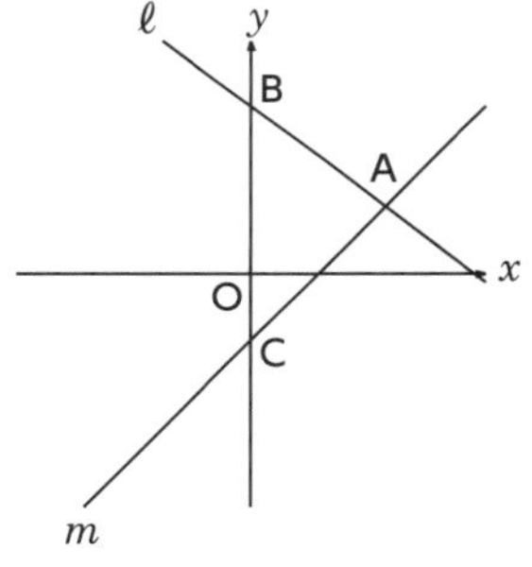

★★★
(2)　△ABCの面積を求めましょう。

(^o^)/　だれかに言いたいかも⑦<2点の中点の座標>

➾ 座標平面上で2点A，Bの座標がわかれば，線分ABの中点の座標は簡単に出せるよ♪

A(x_1, y_1)，B(x_2, y_2)とすると，線分ABの中点の座標は，$\left(\frac{x_1+x_2}{2}, \frac{y_1+y_2}{2}\right)$になるよ。

たとえば，A(－2，6)，B(4，2)のとき，線分ABの中点の座標は，

$\left(\frac{-2+4}{2}, \frac{6+2}{2}\right)=(1, 4)$だよ。

関数と図形の複合問題では「ある図形の面積を2等分する直線の式」を求める問題がよく出るんだ　そのとき，中点の座標の出し方を知っているとすごく役に立つよ

解説

1 計算問題

1．＋と－の計算

P.3

1 (1) $4-11$
$=\mathbf{-7}$

11から4を引くと7だね

(2) $-8+(-7)$
$=-8-7$
$=\mathbf{-15}$

8と7を足すと15だね

(3) $1-(-8)-6$
$=1+8-6$
$=\mathbf{3}$

かっこをさきにはずしちゃおう

(4) $(-4)\times(-6)$
$=4\times6$
$=\mathbf{24}$

(5) $24\div(-6)$
$=-(24\div6)$
$=\mathbf{-4}$

(6) $9+(-2)\times3$
$=9+(-2\times3)$
$=9+(-6)$
$=9-6$
$=\mathbf{3}$

(7) $-4-6\div2$
$=-4-(6\div2)$
$=-4-3$
$=\mathbf{-7}$

(8) $2-6\times(3-5)$
$=2-6\times(-2)$
$=2+(6\times2)$
$=2+12$
$=\mathbf{14}$

P.4

(9) $\frac{1}{4}-\frac{3}{5}$
$=\frac{5}{20}-\frac{12}{20}$
$=\frac{5-12}{20}$
$=\frac{-7}{20}$
$=\mathbf{-\frac{7}{20}}$

最後に － を外に出そう

(10) $6\div\left(-\frac{2}{3}\right)$
$=-\left(6\div\frac{2}{3}\right)$
$=-\left(6\times\frac{3}{2}\right)$
$=-(3\times3)$
$=\mathbf{-9}$

ここで約分できるかチェック！

(11) $\frac{16}{7}\times\left(\frac{5}{4}-3\right)$
$=\frac{16}{7}\times\left(\frac{5}{4}-\frac{12}{4}\right)$
$=\frac{16}{7}\times\left(-\frac{7}{4}\right)$
$=-\left(\frac{16}{7}\times\frac{7}{4}\right)$
$=\mathbf{-4}$

途中で約分すればするほど計算がラクになるよ♪

(12) $\left(-\frac{2}{3}\right)\div\frac{5}{6}+\frac{3}{2}$
$=-\left(\frac{2}{3}\times\frac{6}{5}\right)+\frac{3}{2}$
$=-\frac{4}{5}+\frac{3}{2}$
$=-\frac{8}{10}+\frac{15}{10}$
$=\mathbf{\frac{7}{10}}$

これ以上約分できないか必ずチェックして！

P.41 

14 (1) $y=2x+6$　(2) $(-1, 4)$

15 (1) $y=\frac{3}{2}x+6$　(2) $(4, 12)$

16 (1) $a=5$　(2) 14

計算問題

2. 累乗(2乗, 3乗, 4乗…)

P.5

2 (1) $(-5)^2$

$=(-5)\times(-5)$

$=\mathbf{25}$

(2) $(-4)^2\times(-3)$

$=\{(-4)\times(-4)\}\times(-3)$

$=16\times(-3)$

$=\mathbf{-48}$

(3) $-2^2+(-4)^2$

$=-(2\times2)+(-4)\times(-4)$

$=-4+16$

$=\mathbf{12}$

(4) $-1^2-(-1)^2$

$=-(1\times1)-(-1)\times(-1)$

$=-1-1$

$=\mathbf{-2}$

(5) $-6^2+4\times7$

$=-(6\times6)+28$

$=-36+28$

$=\mathbf{-8}$

(6) $(-4)^2-8\div(-2)$

$=(-4)\times(-4)+(8\div2)$

$=16+4$

$=\mathbf{20}$

(7) $13-(-2)^3\times7$

$=13-\{(-2)\times(-2)\times(-2)\}\times7$

$=13-(-8)\times7$

$=13+56$

$=\mathbf{69}$

符号のミスが多いから
気をつけて！

(8) $(-3)^2-12\div\frac{3}{2}$

$=(-3)\times(-3)-12\times\frac{2}{3}$

$=9-8$

$=\mathbf{1}$

P.6

3 (1) $\left(-\frac{5}{2}\right)^2$

$=\left(-\frac{5}{2}\right)\times\left(-\frac{5}{2}\right)$

$=\mathbf{\frac{25}{4}}$

(2) $\frac{2^2}{3}-\frac{1}{3}$

$=\frac{2\times2}{3}-\frac{1}{3}$

$=\frac{4}{3}-\frac{1}{3}$

$=\frac{3}{3}$

$=\mathbf{1}$

まずはここで通分して，
かっこの中を簡単にしよう

(3) $\left(\frac{1}{3}-\frac{1}{2}\right)^2+\frac{2}{9}$

$=\left(\frac{2}{6}-\frac{3}{6}\right)^2+\frac{2}{9}$

$=\left(-\frac{1}{6}\right)^2+\frac{2}{9}$

$=\left(-\frac{1}{6}\right)\times\left(-\frac{1}{6}\right)+\frac{2}{9}$

$=\frac{1}{36}+\frac{2}{9}$

$=\frac{1}{36}+\frac{8}{36}$

$=\frac{9}{36}$

$=\mathbf{\frac{1}{4}}$

(4) $\frac{1}{8}-\left(-\frac{3}{4}\right)^2\div\frac{1}{2}$

$=\frac{1}{8}-\left\{\left(-\frac{3}{4}\right)\times\left(-\frac{3}{4}\right)\right\}\times\frac{2}{1}$

$=\frac{1}{8}-\left(+\frac{9}{16}\right)\times2$

$=\frac{1}{8}-\left(+\frac{9}{8}\right)$

$=\frac{1}{8}-\frac{9}{8}$

$=-\frac{8}{8}$

$=\mathbf{-1}$

一段階ずつていねいに
書くことで，符号のミスは
なくすことができるよ

3. 平方根

P.7

4 (1) $\sqrt{8}$

$=\sqrt{2\times2\times2}$

$=\sqrt{2^2\times2}$

$=\mathbf{2\sqrt{2}}$

$2\,)\,8$
$2\,)\,4$
2

(2) $\sqrt{24}$

$=\sqrt{2\times2\times2\times3}$

$=\sqrt{2^2\times2\times3}$

$=2\sqrt{2\times3}$

$=\mathbf{2\sqrt{6}}$

√　の外に出せる数を
見つけるのがポイント！

(3) $\sqrt{45}-\sqrt{5}$

$=\sqrt{3^2\times5}-\sqrt{5}$

$=3\sqrt{5}-\sqrt{5}$

$=(3-1)\sqrt{5}$

$=\mathbf{2\sqrt{5}}$

(4) $4\sqrt{3}-\sqrt{27}$

$=4\sqrt{3}-\sqrt{3^2\times3}$

$=4\sqrt{3}-3\sqrt{3}$

$=(4-3)\sqrt{3}$

$=\mathbf{\sqrt{3}}$

(5) $\sqrt{18}+\sqrt{2}-\sqrt{8}$

$=\sqrt{3^2\times2}+\sqrt{2}-\sqrt{2^2\times2}$

$=3\sqrt{2}+\sqrt{2}-2\sqrt{2}$

$=(3+1-2)\sqrt{2}$

$=\mathbf{2\sqrt{2}}$

(6) $\sqrt{32}+\sqrt{18}-\sqrt{72}$

$=\sqrt{2^2\times2^2\times2}+\sqrt{3^2\times2}$

$-\sqrt{2^2\times3^2\times2}$

$=2\times2\times\sqrt{2}+3\sqrt{2}-2\times3\times\sqrt{2}$

$=4\sqrt{2}+3\sqrt{2}-6\sqrt{2}$

$=(4+3-6)\sqrt{2}$

$=\mathbf{\sqrt{2}}$

○² ごとに数字を
まとめよう

P.8

5 (1) $\sqrt{6}\times\sqrt{2}$

$=\sqrt{6\times2}$

$=\sqrt{12}$

$=\sqrt{2^2\times3}$

$=\mathbf{2\sqrt{3}}$

(2) $\sqrt{20}\div\sqrt{5}$

$=\sqrt{20\div5}$

$=\sqrt{4}$

$=\sqrt{2^2}$

$=\mathbf{2}$

(3) $\sqrt{6}\times\sqrt{3}+\sqrt{2}$

$=\sqrt{18}+\sqrt{2}$

$=\sqrt{3^2\times2}+\sqrt{2}$

$=3\sqrt{2}+\sqrt{2}$

$=\mathbf{4\sqrt{2}}$

(4) $(\sqrt{75}-\sqrt{27})\div\sqrt{3}$

$=(\sqrt{5^2\times3}-\sqrt{3^2\times3})\div\sqrt{3}$

$=(5\sqrt{3}-3\sqrt{3})\div\sqrt{3}$

$=2\sqrt{3}\div\sqrt{3}$

$=\mathbf{2}$

(5) $\dfrac{4}{\sqrt{2}}+\sqrt{6}\times\sqrt{3}$

$=\dfrac{4\times\sqrt{2}}{\sqrt{2}\times\sqrt{2}}+\sqrt{18}$

$=\dfrac{4\sqrt{2}}{2}+\sqrt{3^2\times2}$

$=2\sqrt{2}+3\sqrt{2}$

$=\mathbf{5\sqrt{2}}$

このやりかたは絶
対に覚えよう！

ここで約分できるか
チェック！

P.43 クイック解答 23 $\left(-\dfrac{5}{4},\ 1\right)$　24 (1) $y=-x+4$　(2) $y=x$　25 (1) $a=5$　(2) 14

(6) $\dfrac{9}{\sqrt{6}}+\dfrac{\sqrt{6}}{2}$

$=\dfrac{9\times\sqrt{6}}{\sqrt{6}\times\sqrt{6}}+\dfrac{\sqrt{6}}{2}$

$=\dfrac{9\sqrt{6}}{6}+\dfrac{\sqrt{6}}{2}$

$=\dfrac{3\sqrt{6}}{2}+\dfrac{\sqrt{6}}{2}$

$=\dfrac{3\sqrt{6}+\sqrt{6}}{2}$

$=\dfrac{4\sqrt{6}}{2}$

$=\mathbf{2\sqrt{6}}$

4. 文字式

P.9

6 (1) $4a\times ab^3$

$=4\times a\times a\times b^3$

$=\mathbf{4a^2b^3}$

(2) $6ab\times(-a)^3$

$=6ab\times\{(-a)\times(-a)\times(-a)\}$

$=6ab\times(-a^3)$

$=-6\times a\times a^3\times b$

$=\mathbf{-6a^4b}$

(3) $2a^2\times(-3b)^2\times(-ab^2)$

$=2a^2\times\{(-3b)\times(-3b)\}\times(-ab^2)$

$=2a^2\times 9b^2\times(-ab^2)$

$=-2\times 9\times a^2\times a\times b^2\times b^2$

$=\mathbf{-18a^3b^4}$

(4) $3(5x-7)$

$=3\times 5x+3\times(-7)$

$=\mathbf{15x-21}$

(5) $-2(-2x+3)$

$=-2\times(-2x)+(-2)\times 3$

$=\mathbf{4x-6}$

(6) $\dfrac{3}{2}x^2y\times\dfrac{4}{3x}$

分数についている文字は，分子に移しちゃおう

$=\dfrac{3x^2y}{2}\times\dfrac{4}{3x}$

$=\dfrac{3x^2y\times 4}{2\times 3x}$

$=xy\times 2$

$=\mathbf{2xy}$

(7) $\dfrac{18}{5}x^2y\div\dfrac{9}{10}x$

$=\dfrac{18x^2y}{5}\div\dfrac{9x}{10}$

$=\dfrac{18x^2y}{5}\times\dfrac{10}{9x}$

$=\dfrac{18x^2y\times 10}{5\times 9x}$

$=2xy\times 2$

$=\mathbf{4xy}$

(8) $24x^2y\div 3y\div(-2x)$

$=24x^2y\times\dfrac{1}{3y}\times\left(-\dfrac{1}{2x}\right)$

わり算はぜんぶかけ算にしてしまおう

符号をさきに決めてしまおう

$=-\dfrac{24x^2y}{3y\times 2x}$

$=\mathbf{-4x}$

P.10

7 (1) $8y-2y$

$=(8-2)y$

$=\mathbf{6y}$

(2) $\dfrac{2}{5}a+\dfrac{1}{2}a$

$=\left(\dfrac{2}{5}+\dfrac{1}{2}\right)a$

$=\left(\dfrac{4}{10}+\dfrac{5}{10}\right)a$

$=\mathbf{\dfrac{9}{10}a}$

(3) $5(x-2y)-7(-2x-y)$

$=5\times x+5\times(-2y)$
$\quad-7\times(-2x)-7\times(-y)$

$=5x-10y+14x+7y$

$=\mathbf{19x-3y}$

(4) $2x(3x-1)-(6x^2+5x-9)$
$=2x\times3x+2x\times(-1)$
$-6x^2-5x+9$
$=6x^2-2x-6x^2-5x+9$
$=\mathbf{-7x+9}$

（ ）の中の＋と－を反対にするだけだね

(5) $\dfrac{2x-y}{2}-\dfrac{3x-2y}{3}$
$=\dfrac{3(2x-y)}{3\times2}-\dfrac{2(3x-2y)}{2\times3}$
$=\dfrac{3(2x-y)-2(3x-2y)}{6}$
$=\dfrac{6x-3y-6x+4y}{6}$
$=\dfrac{y}{6}$
$=\dfrac{1}{6}y$

分母を２と３の最小公倍数の６にそろえよう

かけ算をする前に － を分子に入れてしまおう

どっちでもいいよ

(6) $x-y+\dfrac{x+3y}{2}$
$=\dfrac{2x}{2}-\dfrac{2y}{2}+\dfrac{x+3y}{2}$
$=\dfrac{2x-2y+x+3y}{2}$
$=\dfrac{3x+y}{2}$

8 (1) $2x^2+y^3$ に $x=3$，$y=-1$ を代入すると，
$2\times3^2+(-1)^3=18+(-1)=\mathbf{17}$

負の数を代入するときは（ ）をつけて！

(2) $20x^2y\div15x\times6y$
$=\dfrac{20x^2y\times6y}{15x}$
$=4xy\times2y$
$=8xy^2$
$x=-1$，$y=-2$ を代入すると，
$8\times(-1)\times(-2)^2=-8\times4=\mathbf{-32}$

式を簡単にできるときは，さきにそうしよう

5. (a+b)(c+d)の展開と乗法公式

計算問題

P.11

9 (1) $(a+2)(b-4)$
$=a\times b+a\times(-4)+2\times b+2\times(-4)$
$=\mathbf{ab-4a+2b-8}$

(2) $(x-1)(y+2)$
$=x\times y+x\times2-1\times y-1\times2$
$=\mathbf{xy+2x-y-2}$

(3) 乗法公式１を使って，
$(x-3)(x+8)$
$=x^2+\underline{(-3+8)}x+\underline{(-3)\times8}$
$=\mathbf{x^2+5x-24}$

(4) 乗法公式３を使って，
$(x-5)^2$
$=x^2-2\times5\times x+5^2$
$=\mathbf{x^2-10x+25}$

慣れてきたら，これをわざわざ書かないで暗算でやった方がミスが減るよ

P.12

(5) 乗法公式４を使って，
$(2x+1)(2x-1)$
$=(2x)^2-1^2$
$=\mathbf{4x^2-1}$

(6) 乗法公式２を使って，
$(x+4)^2-(x+7)$
$=(x^2+2\times4\times x+4^2)-x-7$
$=(x^2+8x+16)-x-7$
$=\mathbf{x^2+7x+9}$

(7) 乗法公式３を使って，
$(x-3y)^2+8xy$
$=\{x^2-2\times3y\times x+(3y)^2\}+8xy$
$=(x^2-6xy+9y^2)+8xy$
$=\mathbf{x^2+2xy+9y^2}$

計算問題

(8) 乗法公式１を使って，
$(x+3)(x+5)-x(x+9)$
$=\{x^2+(3+5)x+3\times5\}-x^2-9x$
$=(x^2+8x+15)-x^2-9x$
$=\mathbf{-x+15}$

(9) 乗法公式４と１を使って，
$(x+5)(x-5)-(x+1)(x-6)$
$=(x^2-5^2)-\{x^2+(1-6)x+1\times(-6)\}$
$=(x^2-25)-(x^2-5x-6)$
$=x^2-25-x^2+5x+6$
$=\mathbf{5x-19}$

(10) 乗法公式１と３を使って，
$(x+4)(x-2)-(x-3)^2$
$=\{x^2+(4-2)x+4\times(-2)\}$
$\quad-(x^2-2\times3\times x+3^2)$
$=(x^2+2x-8)-(x^2-6x+9)$
$=x^2+2x-8-x^2+6x-9$
$=\mathbf{8x-17}$

(11) 乗法公式２と１を使って，
$(2x+1)^2-(x+2)(x-3)$
$=(4x^2+4x+1)-(x^2-x-6)$
$=4x^2+4x+1-x^2+x+6$
$=\mathbf{3x^2+5x+7}$

(12) 乗法公式１と３を使って，
$3(x-2)(x+3)+2(x-3)^2$
$=3(x^2+x-6)+2(x^2-6x+9)$
$=3x^2+3x-18+2x^2-12x+18$
$=\mathbf{5x^2-9x}$

（　）の外の数は，乗法公式を使ったあとでかけよう

6. 因数分解

P.13

10 (1) $27a+9$
$=9\times3a+9\times1$
$=\mathbf{9(3a+1)}$

(2) $2x^2y-8xy^2$
$=2xy\times x+2xy\times(-4y)$
$=\mathbf{2xy(x-4y)}$

－を忘れないように！

(3) t^2+5t-6
$=t^2+(6-1)t+6\times(-1)$
$=\mathbf{(t+6)(t-1)}$

(4) $x^2+14x+49$
$=x^2+2\times7\times x+7^2$
$=\mathbf{(x+7)^2}$

P.14

(5) a^2-16
$=a^2-4^2$
$=\mathbf{(a+4)(a-4)}$

(6) $16x^2-9$
$=(4x)^2-3^2$
$=\mathbf{(4x+3)(4x-3)}$

(7) $(x-4)^2-9$において，
$x-4=\mathrm{A}$とおくと，
A^2-9
$=\mathrm{A}^2-3^2$
$=(\mathrm{A}+3)(\mathrm{A}-3)$
Aを元にもどして，
$\{(x-4)+3\}\{(x-4)-3\}$
$=\mathbf{(x-1)(x-7)}$

式の一部を１つの文字におきかえると解きやすいよ♪

(8) $(x-6)(x+3)-4x$
$=x^2-3x-18-4x$
$=x^2-7x-18$
$=x^2+(2-9)x+2\times(-9)$
$=\mathbf{(x+2)(x-9)}$

いちど展開して式をまとめてから因数分解するパターンの問題だよ

(9) $ax^2-2ax-8a$
$=a(x^2-2x-8)$
$=a\{x^2+(2-4)x+2\times(-4)\}$
$=\mathbf{a(x+2)(x-4)}$

(10) $27x^2-3$
$=3(9x^2-1)$
$=3\{(3x)^2-1^2\}$
$=\mathbf{3(3x+1)(3x-1)}$

$1=1^2$を忘れないように！

(11) $(x+4)(x-4)-x+4$

$=(x+4)(x-4)-1\times x-1\times(-4)$

$=(x+4)(x-4)-(x-4)$

$x-4=\mathrm{A}$とおくと，

$(x+4)\mathrm{A}-\mathrm{A}$

$=\{(x+4)-1\}\mathrm{A}$

$=(x+3)\mathrm{A}$

展開するよりはこうしたほうが計算がラクだね♪

Aを元にもどすと，$\boldsymbol{(x+3)(x-4)}$

(12) $(x+4y)(x-4y)+6xy$

$=x^2-16y^2+6xy$

$=x^2+6xy-16y^2$

$=x^2+(8y-2y)x+8y\times(-2y)$

$=\boldsymbol{(x+8y)(x-2y)}$

7. 平方根と式の展開

P.15

11 (1) $(\sqrt{3}-3)(\sqrt{3}+2)$

$=(\sqrt{3})^2+(-3+2)\sqrt{3}+(-3)\times 2$

$=3-\sqrt{3}-6$

$=\boldsymbol{-3-\sqrt{3}}$

(2) $(\sqrt{6}-2)(\sqrt{6}-1)$

$=(\sqrt{6})^2+(-2-1)\sqrt{6}+(-2)\times(-1)$

$=6-3\sqrt{6}+2$

$=\boldsymbol{8-3\sqrt{6}}$

(3) $(\sqrt{5}+2)(\sqrt{5}-2)$

$=(\sqrt{5})^2-2^2$

$=5-4$

$=\boldsymbol{1}$

(4) $(4+\sqrt{3})(4-\sqrt{3})$

$=4^2-(\sqrt{3})^2$

$=16-3$

$=\boldsymbol{13}$

(5) $(\sqrt{6}-\sqrt{2})^2$

$=(\sqrt{6})^2-2\times\sqrt{2}\times\sqrt{6}+(\sqrt{2})^2$

$=6-2\sqrt{12}+2$

$=\boldsymbol{8-4\sqrt{3}}$

(6) $(5+3\sqrt{2})(5-3\sqrt{2})$

$=5^2-(3\sqrt{2})^2$

$=25-18$

$=\boldsymbol{7}$

(7) $(\sqrt{6}+4)(\sqrt{6}-1)-\sqrt{54}$

$=(\sqrt{6})^2+(4-1)\sqrt{6}+4\times(-1)-3\sqrt{6}$

$=6+3\sqrt{6}-4-3\sqrt{6}$

$=\boldsymbol{2}$

(8) $(\sqrt{2}+1)^2-\dfrac{\sqrt{6}}{\sqrt{3}}$

$\sqrt{\dfrac{6}{3}}$と同じだよ

$=(\sqrt{2})^2+2\times 1\times\sqrt{2}+1^2-\sqrt{2}$

$=2+2\sqrt{2}+1-\sqrt{2}$

$=\boldsymbol{3+\sqrt{2}}$

P.16

(9) $(\sqrt{11}+11\sqrt{2})^2-(\sqrt{11}-11\sqrt{2})^2$

において，$\sqrt{11}+11\sqrt{2}=\mathrm{A}$，

$\sqrt{11}-11\sqrt{2}=\mathrm{B}$とおくと，

$\mathrm{A}^2-\mathrm{B}^2=(\mathrm{A}+\mathrm{B})(\mathrm{A}-\mathrm{B})$

A，Bを元にもどすと，

$\{(\sqrt{11}+11\sqrt{2})+(\sqrt{11}-11\sqrt{2})\}$

$\times\{(\sqrt{11}+11\sqrt{2})-(\sqrt{11}-11\sqrt{2})\}$

$=(\sqrt{11}+11\sqrt{2}+\sqrt{11}-11\sqrt{2})$

$\times(\sqrt{11}+11\sqrt{2}-\sqrt{11}+11\sqrt{2})$

$=2\sqrt{11}\times 22\sqrt{2}$

$=\boldsymbol{44\sqrt{22}}$

どんどん展開しても答えは同じになるけど，いちど因数分解すると，計算がラクになるよ♪

(10) $(3\sqrt{2}-2\sqrt{3})(3\sqrt{2}+2\sqrt{3})$

$-(\sqrt{2}-2)^2$

$=(3\sqrt{2})^2-(2\sqrt{3})^2$

$-\{(\sqrt{2})^2-2\times 2\times\sqrt{2}+2^2\}$

$=18-12-(2-4\sqrt{2}+4)$

$=6-(6-4\sqrt{2})$

$=6-6+4\sqrt{2}$

$=\boldsymbol{4\sqrt{2}}$

計算問題

計算問題

12 (1) $a(a-2)$ に $a=\sqrt{2}+1$ を代入すると,

$(\sqrt{2}+1)\{(\sqrt{2}+1)-2\}$
$=(\sqrt{2}+1)(\sqrt{2}+1-2)$
$=(\sqrt{2}+1)(\sqrt{2}-1)$
$=(\sqrt{2})^2-1^2$
$=2-1$
$=\mathbf{1}$

(2) $x^2-y^2=(x+y)(x-y)$ に
$x=\sqrt{5}+2$, $y=\sqrt{5}-2$
を代入すると,

さきに因数分解しておくと，計算がすごくラクになる♪

$\{(\sqrt{5}+2)+(\sqrt{5}-2)\}$
$\times\{(\sqrt{5}+2)-(\sqrt{5}-2)\}$
$=(\sqrt{5}+2+\sqrt{5}-2)(\sqrt{5}+2-\sqrt{5}+2)$
$=2\sqrt{5}\times4$
$=\mathbf{8\sqrt{5}}$

P.17〜18

※すべて「1 計算問題」の問題から選んだ問題ですので，解説は省略します。

2 方程式

1. 1次方程式

P.19

1 (1) $x-5=3$
$x=3+5$
$\boldsymbol{x=8}$

(2) $7x+5=19$
$7x=19-5$
$7x=14$
$\boldsymbol{x=2}$

(3) $6x-2=3x+16$
$6x-3x=16+2$
$3x=18$
$\boldsymbol{x=6}$

(4) $x-9=-5x+3$
$x+5x=3+9$
$6x=12$
$\boldsymbol{x=2}$

P.20

(5) $4x-1=x+2$
$4x-x=2+1$
$3x=3$
$\boldsymbol{x=1}$

(6) $3x+2=-x-6$
$3x+x=-6-2$
$4x=-8$
$\boldsymbol{x=-2}$

(7) $3x+4=2(x-3)$
$3x+4=2x-6$
$3x-2x=-6-4$
$\boldsymbol{x=-10}$

(8) $x+5=2(x-1)$
$x+5=2x-2$
$x-2x=-2-5$
$-x=-7$
$\boldsymbol{x=7}$

両辺に－１を
かければいいね

(9) $x-(2x-1)=7$
$x-2x+1=7$
$-x=7-1$
$-x=6$
$\boldsymbol{x=-6}$

うっかりポイント！
ちゃんと，両辺に
－１をかけてね

(10) $3x+5=4(2x-5)$
$3x+5=8x-20$
$3x-8x=-20-5$
$-5x=-25$
$\boldsymbol{x=5}$

(11) $\frac{2}{3}x-1=3$
$\frac{2}{3}x\underline{\times 3}-1\underline{\times 3}=3\underline{\times 3}$
$2x-3=9$
$2x=9+3$
$2x=12$
$\boldsymbol{x=6}$

まずは，じゃま
な分数を消し
てしまおう

(12) $\frac{x}{3}-\frac{x}{2}=3$
$\frac{x}{3}\underline{\times 6}-\frac{x}{2}\underline{\times 6}=3\underline{\times 6}$
$2x-3x=18$
$-x=18$
$\boldsymbol{x=-18}$

両辺に2と3の最小公倍数
の6をかければいいね

(13) $0.4x=0.7x-0.6$
$0.4x\underline{\times 10}=0.7x\underline{\times 10}-0.6\underline{\times 10}$
$4x=7x-6$
$4x-7x=-6$
$-3x=-6$
$\boldsymbol{x=2}$

まずは，じゃまな小数
を消してしまおう

方程式

(14) $0.7x-3=0.3(x+4)$

$0.7x\times10-3\times10=0.3(x+4)\times10$

$7x-30=3(x+4)$

$7x-30=3x+12$

$7x-3x=12+30$

$4x=42$

$\boldsymbol{x=\frac{21}{2}}$

0.3(x+4)でひとかたまりだから，( )の中にまで10をかけないでね

2. ～について解く(等式の変形)

方程式

P.21

2 (1) $3a-b=4c$

$3a=b+4c$

$\boldsymbol{a=\frac{b+4c}{3}}$

$\boldsymbol{a=\frac{b}{3}+\frac{4}{3}c}$

$\boldsymbol{a=\frac{1}{3}b+\frac{4}{3}c}$

どれでもいいよ

(2) $\frac{1}{3}a+5=b$

$a+15=3b$

$\boldsymbol{a=3b-15}$

(3) $a+\frac{b}{3}=2c$

$3a+b=6c$

$\boldsymbol{b=-3a+6c}$

(4) $m=\frac{2a+b+c}{4}$

$\frac{2a+b+c}{4}=m$

$2a+b+c=4m$

$\boldsymbol{c=-2a-b+4m}$

(5) $c=\frac{10a-b}{9}$

$\frac{10a-b}{9}=c$

$10a-b=9c$

$-b=-10a+9c$

$\boldsymbol{b=10a-9c}$

(6) $a=\frac{b-2c}{3}$

$\frac{b-2c}{3}=a$

$b-2c=3a$

$-2c=3a-b$

$2c=-3a+b$

$\boldsymbol{c=\frac{-3a+b}{2}}$

$\boldsymbol{c=-\frac{3}{2}a+\frac{b}{2}}$

$\boldsymbol{c=-\frac{3}{2}a+\frac{1}{2}b}$

まず，両辺に－1をかけるんだったね

－ を分子にもっていくと，まちがえなくてすむよ

どれでもいいよ

3. 連立方程式

P.22

3 (1) $\begin{cases}2x-2y=8\cdots①\\3x+2y=7\cdots②\end{cases}$ とする。

①＋②より，

$$\begin{array}{rrl} & 2x-2y & =8\\ +) & 3x+2y & =7\\ \hline & 5x & =15\\ & \boldsymbol{x} & \boldsymbol{=3}\end{array}$$

②に $x=3$ を代入すると，

$3\times3+2y=7$

$9+2y=7$

$2y=-2$

$\boldsymbol{y=-1}$

(2) $\begin{cases}6x+y=13\cdots①\\6x+5y=-7\cdots②\end{cases}$ とする。

①－②より，

$$\begin{array}{rrl} & 6x+y & =13\\ -) & 6x+5y & =-7\\ \hline & -4y & =20\\ & \boldsymbol{y} & \boldsymbol{=-5}\end{array}$$

①に $y=-5$ を代入すると，

$6x+(-5)=13$

$6x=18$

$\boldsymbol{x=3}$

(3) $\begin{cases} x+3y=1 \cdots ① \\ 2x-y=9 \cdots ② \end{cases}$ とする。

①＋②×３より，

$$\begin{array}{rrl} & x+3y & =1 \\ +) & 6x-3y & =27 \\ \hline & 7x & =28 \\ & \boldsymbol{x} & \boldsymbol{=4} \end{array}$$

①×２－②で，さきに x を消してもいいよ

①に $x=4$ を代入すると，

$4+3y=1$

$3y=-3$

$\boldsymbol{y=-1}$

(4) $\begin{cases} 5x-6y=43 \cdots ① \\ 3x+4y=3 \cdots ② \end{cases}$ とする。

①×２＋②×３より，

$$\begin{array}{rrl} & 10x-12y & =86 \\ +) & 9x+12y & =9 \\ \hline & 19x & =95 \\ & \boldsymbol{x} & \boldsymbol{=5} \end{array}$$

①×3－②×5で，さきに x を消してもいいよ

②に $x=5$ を代入すると，

$3\times5+4y=3$

$15+4y=3$

$4y=-12$

$\boldsymbol{y=-3}$

P.23

4 (1) $\begin{cases} x+2y=4 \cdots ① \\ x=2y \cdots ② \end{cases}$ とする。

②より，①の x に $2y$ を代入すると，

$2y+2y=4$

$4y=4$

$\boldsymbol{y=1}$

②に $y=1$ を代入すると，

$\boldsymbol{x}=2\times1$

$=\boldsymbol{2}$

(2) $\begin{cases} x=3y-1 \cdots ① \\ 2x-y=3 \cdots ② \end{cases}$ とする。

②に①を代入すると，

$2(3y-1)-y=3$

２を忘れないでね

$6y-2-y=3$

$5y=5$

$\boldsymbol{y=1}$

①に $y=1$ を代入すると，

$\boldsymbol{x}=3\times1-1$

$=3-1$

$=\boldsymbol{2}$

(3) $\begin{cases} y=\dfrac{1}{2}x \cdots ① \\ 5x-2y=16 \cdots ② \end{cases}$ とする。

②に①を代入すると，

$5x-2\times\dfrac{1}{2}x=16$

$5x-x=16$

$4x=16$

$\boldsymbol{x=4}$

①に $x=4$ を代入すると，

$\boldsymbol{y}=\dfrac{1}{2}\times4$

$=\boldsymbol{2}$

(4) $\begin{cases} x-2y=-2 \cdots ① \\ y=\dfrac{2}{3}x+1 \cdots ② \end{cases}$ とする。

①に②を代入すると，

$x-2\left(\dfrac{2}{3}x+1\right)=-2$

$x-\dfrac{4}{3}x-2=-2$

$3x-4x-6=-6$

$-x=0$

$\boldsymbol{x=0}$

②に $x=0$ を代入すると，

$\boldsymbol{y}=\dfrac{2}{3}\times0+1$

$=0+1$

$=\boldsymbol{1}$

方程式

P.24

5 (1) $\begin{cases} 0.2x-0.3y=0.5\cdots① \\ 3x+2y=1\cdots② \end{cases}$ とする。

①の両辺に10をかけて，

$2x-3y=5\cdots③$

②×3＋③×2より，

$$\begin{array}{rrl} & 9x+6y & =3 \\ +) & 4x-6y & =10 \\ \hline & 13x & =13 \\ & \boldsymbol{x} & \boldsymbol{=1} \end{array}$$

②に $x=1$ を代入すると，

$3\times1+2y=1$

$2y=-2$

$\boldsymbol{y=-1}$

(2) $\begin{cases} 0.9x-y=1.7\cdots① \\ 0.3x+y=1.9\cdots② \end{cases}$ とする。

①の両辺に10をかけて，

$9x-10y=17\cdots③$

②の両辺に10をかけて，

$3x+10y=19\cdots④$

③＋④より，

$$\begin{array}{rrl} & 9x-10y & =17 \\ +) & 3x+10y & =19 \\ \hline & 12x & =36 \\ & \boldsymbol{x} & \boldsymbol{=3} \end{array}$$

④に $x=3$ を代入すると，

$3\times3+10y=19$

$9+10y=19$

$10y=10$

$\boldsymbol{y=1}$

(3) $\begin{cases} x-6y=6\cdots① \\ \dfrac{x}{3}-y=-2\cdots② \end{cases}$ とする。

②の両辺に3をかけて，

$x-3y=-6\cdots③$

①−③より，

$$\begin{array}{rrl} & x-6y & =6 \\ -) & x-3y & =-6 \\ \hline & -3y & =12 \\ & \boldsymbol{y} & \boldsymbol{=-4} \end{array}$$

③に $y=-4$ を代入すると，

$x-3\times(-4)=-6$

$x+12=-6$

$\boldsymbol{x=-18}$

(4) $\begin{cases} \dfrac{1}{6}x-\dfrac{1}{2}y=-1\cdots① \\ 0.2x+0.5y=-0.1\cdots② \end{cases}$ とする。

①の両辺に6をかけて，

$x-3y=-6\cdots③$

②の両辺に10をかけて，

$2x+5y=-1\cdots④$

③×2−④より，

$$\begin{array}{rrl} & 2x-6y & =-12 \\ -) & 2x+5y & =-1 \\ \hline & -11y & =-11 \\ & \boldsymbol{y} & \boldsymbol{=1} \end{array}$$

③に $y=1$ を代入すると，

$x-3\times1=-6$

$\boldsymbol{x=-3}$

連立方程式は，加減法でも代入法でも解くことができるので，自分の得意なほうで解こう！

P.25〜26

※すべて「**2** 方程式」の問題から選んだ問題ですので，解説は省略します。

図形

1．平行線と角度

P.27

1 (1) 下図のように記号をおく。

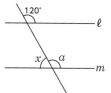

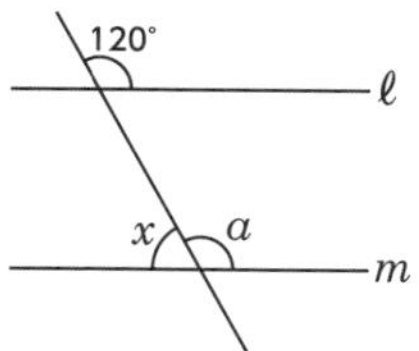

平行線の同位角は等しいから，$\angle a=120°$

$\angle x=180°-\angle a=180°-120°=$ **60°**

(2) 下図のように記号をおく。

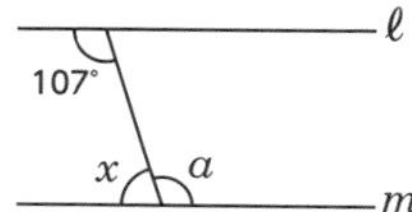

平行線の錯角は等しいから，$\angle a=107°$

$\angle x=180°-\angle a=180°-107°=$ **73°**

(3) 下図のように記号をおく。

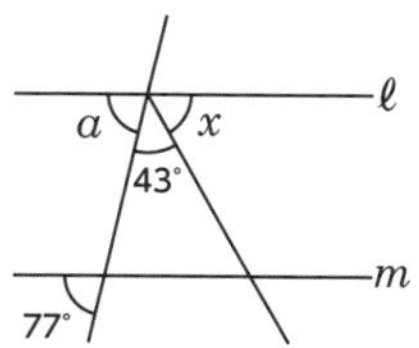

平行線の同位角は等しいから，

$\angle a=77°$

$\angle x=180°-\angle a-43°$

$=180°-77°-43°$

$=$ **60°**

(4) 下図のように2直線ℓ，mと平行な直線nを引き，記号をおく。

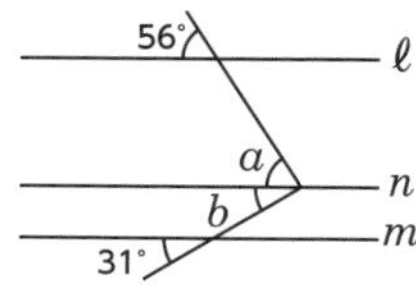

平行線の同位角は等しいから，

$\ell /\!/ n$より，$\angle a=56°$

$n /\!/ m$より，$\angle b=31°$

$\angle x=\angle a+\angle b=56°+31°=$ **87°**

(5) 下図のように2直線ℓ，mと平行な直線nを引き，記号をおく。

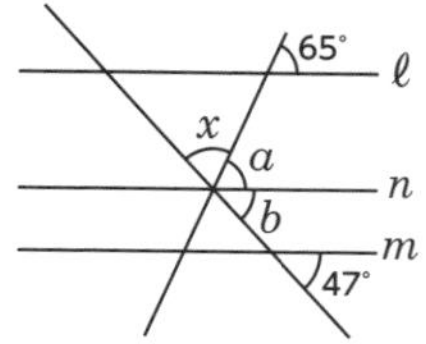

平行線の同位角は等しいから，

$\ell /\!/ n$より，$\angle a=65°$

$n /\!/ m$より，$\angle b=47°$

$\angle x=180°-\angle a-\angle b$

$=180°-65°-47°$

$=$ **68°**

(6) 下図のように2直線ℓ，mと平行な直線n，pを引き，記号をおく。

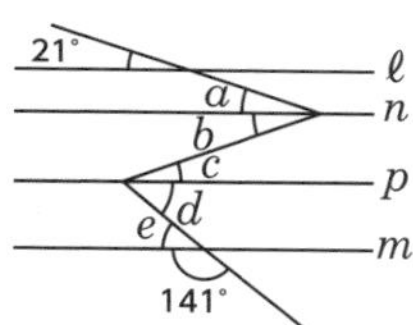

平行線の同位角・錯角は等しいことを利用して解く。

$\ell /\!/ n$より，$\angle a=21°$

$\angle b=40°-\angle a=40°-21°=19°$

$n /\!/ p$より，$\angle c=\angle b=19°$

また，$\angle e=180°-141°=39°$

$p /\!/ m$より，$\angle d=\angle e=39°$

$\angle x=\angle c+\angle d=19°+39°=$ **58°**

1(4)〜(6)のような問題は，角度を求めたい角の頂点を通るように平行線を引くと，うまく解けるよ♪

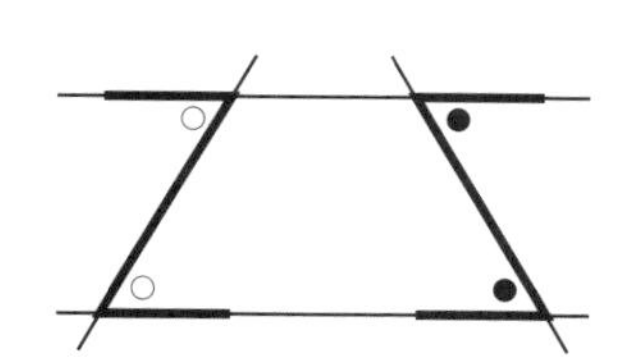

錯角は，「Z」かその逆「Z」をつくると，簡単に見つけられる！

2. 多角形の内角・外角

P.28

[2] (1) 五角形の内角の合計は，
180°×(5－2)＝180°×3＝540°
正五角形の内角の大きさはすべて等しいから，∠x＝540°÷5＝**108°**

(2) この三角形は二等辺三角形だから，
40°以外の2つの内角の大きさは等しい。
よって，40°＋∠x×2＝180°より，
∠x×2＝140°だから，∠x＝**70°**

(3) 多角形の外角の合計は360°だから，
∠xの頂点における外角は，
360°－(58°＋91°＋43°＋76°)
＝360°－268°
＝92°
∠x＝180°－92°＝**88°**

角度がわかっている角が，すべて外角であることに注目!

(4) 下図のように記号をおく。

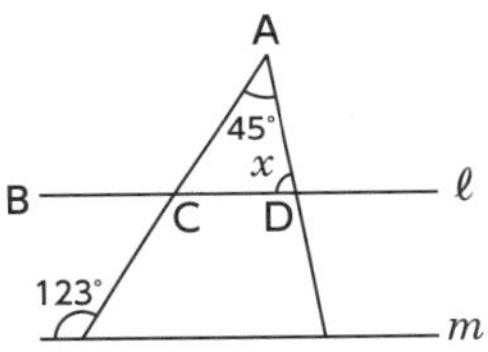

$\ell \parallel m$より，平行線の同位角は等しいから，∠ACB＝123°
△ACDの外角より，
∠ACB＝∠CDA＋∠CADだから，
123°＝∠x＋45°　∠x＝**78°**

三角形の外角の性質は，いろいろな場面で使えて，とっても便利♪

(5) 下図のように記号をおく。

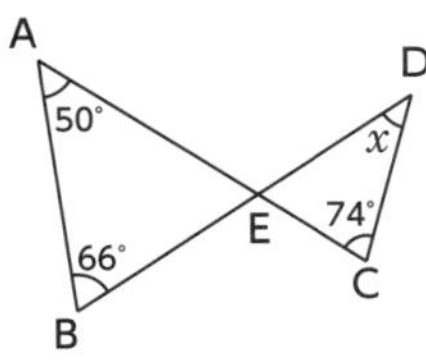

△ABEの外角より，
∠AED＝∠EAB＋∠EBA
＝50°＋66°
＝116°
△DCEの外角より，
∠AED＝∠EDC＋∠ECDだから，
116°＝∠x＋74°　∠x＝**42°**

(6) 下図のように記号をおく。

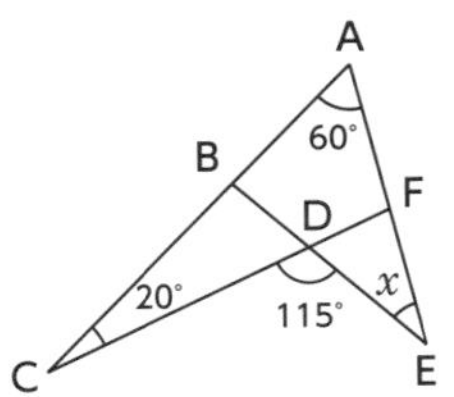

△ACFの外角より，
∠CFE＝∠FAC＋∠FCA
＝60°＋20°
＝80°
△DEFの外角より，
∠CDE＝∠DEF＋∠DFEだから，
115°＝∠x＋80°　∠x＝**35°**

3. 三角形と四角形

P.29

[3] 平行四辺形の向かいあう辺は等しいから，
AD＝BC＝5㎝
平行四辺形の高さが3㎝であることから，
△ACDの底辺をADとしたときの高さは3㎝だから，
△ACD＝5×3×$\frac{1}{2}$＝$\mathbf{\frac{15}{2}}$(㎠)

[4] 下図のように記号をおく。

平行四辺形を見つけよう

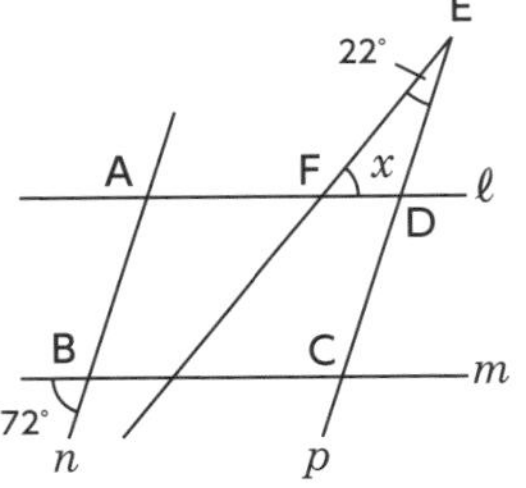

対頂角は等しいから，
∠ABC＝72°
$\ell \parallel m$，$n \parallel p$より，四角形ABCDは平行四辺形だから，向かいあう角が等しく，
∠ADC＝∠ABC＝72°
△DEFの外角より，
∠ADC＝∠DEF＋∠DFE
72°＝22°＋∠x　∠x＝**50°**

図形

5 下図のように記号をおく。

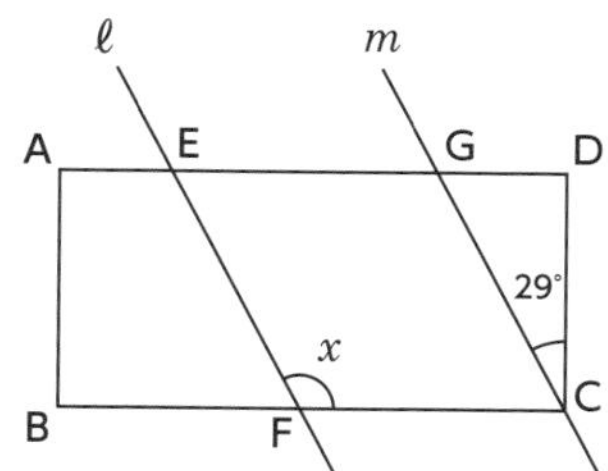

四角形ＡＢＣＤは長方形だから

∠ＡＤＣ＝90°

△ＣＤＧの外角より，

∠ＥＧＣ＝∠ＧＣＤ＋∠ＧＤＣ

＝29°＋90°

＝119°

ＥＧ∥ＦＣ，$\ell \parallel m$ より，四角形ＥＦＣＧは平行四辺形だから，向かいあう角は等しく，∠x＝∠ＥＧＣ＝**119°**

平行線があると，大きさの等しい角がいろいろかくれているので，さがしてみよう！

P.30

6 長方形の向かいあう辺は等しいから，

ＤＣ＝ＡＢ＝２㎝

$\mathrm{AM}=\mathrm{NC}=2\times\frac{1}{2}=1$（㎝）

ＡＭ＝ＮＣでＡＭ∥ＮＣだから，四角形ＡＭＣＮは平行四辺形で，底辺をＡＭとしたときの高さは４㎝である。

よって，平行四辺形ＡＭＣＮの面積は，

１×４＝**４（㎠）**

7 平行四辺形の向かいあう辺は等しいから，

ＡＤ＝ＢＣ

△ＡＤＣと△ＢＣＡは，底辺をそれぞれＡＤ，ＢＣとしたときの高さが等しいから面積が等しい。

平行四辺形は，１本の対角線によって面積が半分にわけられるよ

したがって，△ＢＣＡ＝$20\times\frac{1}{2}=10$（㎠）

ＥＤ∥ＢＣより，△ＢＣＡと△ＢＣＥは，底辺をともにＢＣとしたときの高さが等しいから面積が等しく，

△ＢＣＥ＝△ＢＣＡ＝**10㎠**

8 ＡＤ∥ＢＣより，△ＡＢＤと**△ＡＣＤ**と**△ＡＦＤ**は，底辺をともにＡＤとしたときの高さが等しいから面積が等しい。

同様に考えると，ＡＣ∥ＥＦより，

△ＡＣＤ＝△ＡＣＥ＝△ＡＣＦだから，

△ＡＣＥ＝**△ＡＣＦ**＝△ＡＢＤ

ＡＣ∥ＥＦより，△ＡＦＤ＝△ＣＦＤだから，

△ＣＦＤ＝△ＡＢＤ

4. 円とおうぎ形と球

P.31

9 このおうぎ形は，半径が６㎝，中心角が90°だから，弧の長さは，

$$2\pi\times6\times\frac{90}{360}=12\pi\times\frac{1}{4}=\mathbf{3\pi}\text{（㎝）}$$

10 半径が２㎝の球の表面積は，

$4\pi\times2^2=4\pi\times4=\mathbf{16\pi}$**（㎠）**

11 できる立体は半径３㎝の球である。

半径３㎝の球の体積は，

$$\frac{4}{3}\pi\times3^3=\frac{4}{3}\pi\times27=\mathbf{36\pi}\text{（㎤）}$$

球の問題は，公式を覚えているだけで簡単に解ける問題ばかりだよ

12 円の半径は等しいから，ＯＡ＝ＯＢより，△ＯＡＢは二等辺三角形である。これより，

∠ＯＢＡ＝∠ＯＡＢ＝25°

円の中に二等辺三角形がある図はよく出題されるんだよ

△ＯＡＢの内角の和より，

小さいほうの∠ＡＯＢの大きさは，

180°－25°－25°＝130°

これより，大きいほうの∠ＡＯＢの大きさは，360°－130°＝230°

よって，求めるおうぎ形ＯＡＢの面積は，

$$\pi\times6^2\times\frac{230}{360}=\mathbf{23\pi}\text{（㎠）}$$

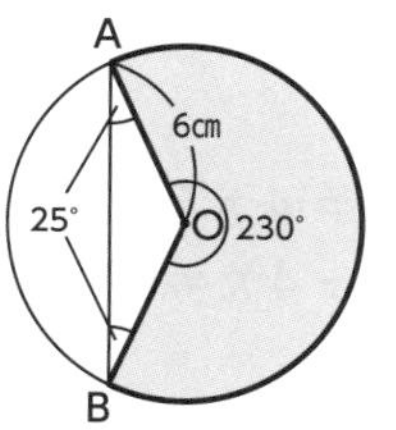

高校入試では，円周率はつねにπで表すよ

図形

5. 角柱と円柱，角すいと円すい

P.32

13　この三角すいの底面を△ＢＣＤとしたときの高さはＡＤである。

$\triangle BCD = 3 \times 3 \times \frac{1}{2} = \frac{9}{2}$ (㎠)

> まずは底面積を出そう

よって，三角すいＡＢＣＤの体積は，

$\frac{9}{2} \times 6 \times \frac{1}{3} =$ **9 (㎤)**

> 正 n 角すいの底面は，正 n 角形だよ

14　正四角すいの底面は正方形だから，この正四角すいの底面積は，$5 \times 5 = 25$ (㎠)
よって，この正四角すいの体積は，

$25 \times 9 \times \frac{1}{3} =$ **75 (㎤)**

15　できる立体は円すいである。

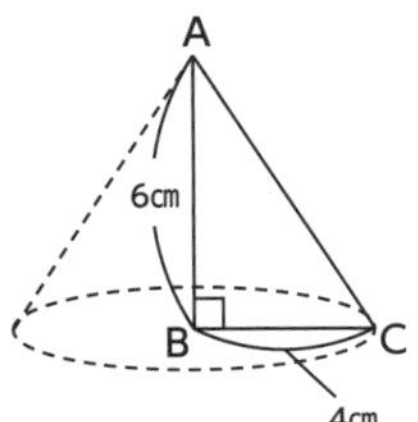

この円すいの底面は半径がＢＣ＝４㎝の円だから，底面積は，$\pi \times 4^2 = 16\pi$ (㎠)
高さはＡＢ＝６㎝だから，円すいの体積は，

$16\pi \times 6 \times \frac{1}{3} =$ **32 π (㎤)**

> 図形を回転させると，円柱か円すいか球，またはそれらを組みあわせた立体になるよ
> 体積をちゃんと出せれば簡単に点がとれるんだよ♪

6. 円すいの展開図

P.33

16　底面の円周が $2\pi \times 2 = 4\pi$ (㎝) だから，展開図における側面のおうぎ形の弧の長さも 4π ㎝である。
したがって，側面のおうぎ形の面積は，

$\frac{1}{2} \times 4\pi \times 4 = 8\pi$ (㎠)

底面の円の面積は $2^2\pi = 4\pi$ (㎠) だから，
円すいの表面積は，$8\pi + 4\pi =$ **12 π (㎠)**

> 底面積を足すのを忘れないで！

17　できる立体は円すいである。

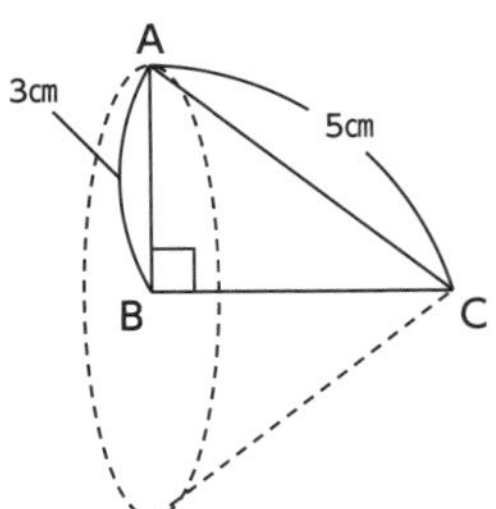

この円すいの底面は半径がＡＢ＝３㎝の円で，底面の円周が $2\pi \times 3 = 6\pi$ (㎝) だから，展開図における側面のおうぎ形の弧の長さも 6π ㎝である。
したがって，側面のおうぎ形の面積は，

$\frac{1}{2} \times 6\pi \times 5 = 15\pi$ (㎠)

底面の円の面積は $3^2\pi = 9\pi$ (㎠) だから，
円すいの表面積は，$15\pi + 9\pi =$ **24 π (㎠)**

18　側面のおうぎ形の弧の長さは，

$2\pi \times 10 \times \frac{216}{360} = 12\pi$ (㎝)

したがって，円Ｏの円周も 12π ㎝だから，
底面の半径を r ㎝とすると，
$2\pi r = 12\pi$ より，$r = 6$
よって，円Ｏの半径は **6 ㎝**である。

> 側面のおうぎ形の弧の長さと底面の円周が等しくなることを利用する問題だね

P.34〜35

※すべて「3　図形」の問題から選んだ問題ですので，解説は省略します。

4 比例・反比例と１次関数

1. 比例・反比例と１次関数の式

P.36

1 ⑴ y は x に比例するので，x と y の式を $y=ax$ とおき，$x=2$, $y=4$ を代入すると，

$4=a\times2\quad a=\frac{4}{2}=2$

$y=2x$ に $x=3$ を代入すると，

$y=2\times3=\mathbf{6}$

⑵ y は x に反比例するので，x と y の式を $y=\frac{a}{x}$ とおき，$x=-6$，$y=2$ を代入すると，$2=\frac{a}{-6}$

$a=2\times(-6)=-12$

よって，比例定数は，**－12**

⑶ y は x に反比例するので，x と y の式を $y=\frac{a}{x}$ とおき，$x=2$, $y=8$ を代入すると，

$8=\frac{a}{2}\quad a=8\times2=16$

$y=\frac{16}{x}$ に $x=4$ を代入すると，

$y=\frac{16}{4}=\mathbf{4}$

⑷ $y=-2x+3$ に $x=4$ を代入すると，

$y=-2\times4+3=-8+3=\mathbf{-5}$

グラフの問題を解くときに何度もする計算だよ
必ずできるようになってね

2. 1次関数のグラフ

P.37

2 ⑴ 直線と y 軸の交点は，x 座標が０で，y 座標がその直線の切片だから，**(0, 7)**

⑵ $y=-\frac{1}{2}x+2$ に $y=3$ を代入すると，

$3=-\frac{1}{2}x+2\quad 6=-x+4$

$x=-2$ だから，**(－2, 3)**

3 ⑴ 点(０, －５)を通ることから直線の切片は－５とわかる。よって，直線の式は，

$\boldsymbol{y=x-5}$

傾きが１だから，１× x の１は省略されるね

⑵ 切片が３だから，直線の式を $y=ax+3$ とする。

この式に $x=-1$，$y=6$ を代入すると，$6=a\times(-1)+3\quad a=-3$

よって，直線の式は，$\boldsymbol{y=-3x+3}$

3. 2点を通る直線の式

P.38

4 傾きを求める直線の式を $y=ax+b$ とおき，a の値を求める。

$y=ax+b$ に $x=-4$，$y=16$ を代入すると，$16=a\times(-4)+b$

$-4a+b=16$…①

$y=ax+b$ に $x=3$，$y=9$ を代入すると，

$9=a\times3+b\quad 3a+b=9$…②

②－①より，

$$\begin{array}{rl} 3a+b &=9 \\ -)\ -4a+b &=16 \\ \hline 7a \quad &=-7 \\ a \quad &=-1 \end{array}$$

よって，傾きは，**－1**

5 求める直線の式を $y=ax+b$ とおく。

$y=ax+b$ に $x=-2$, $y=2$ を代入すると，

$2=a\times(-2)+b\quad -2a+b=2$…①

$y=ax+b$ に $x=4$，$y=8$ を代入すると，

$8=a\times4+b\quad 4a+b=8$…②

②－①より，

$$\begin{array}{rl} 4a+b &=8 \\ -)\ -2a+b &=2 \\ \hline 6a \quad &=6 \\ a \quad &=1 \end{array}$$

①に $a=1$ を代入すると，

$-2\times1+b=2\quad b=4$

よって，直線の式は，$\boldsymbol{y=x+4}$

6　求める直線の式を $y=ax+b$ とおく。
$y=ax+b$ に $x=-2, y=1$ を代入すると，
$1=a\times(-2)+b$　$-2a+b=1$ …①
$y=ax+b$ に $x=3$，$y=9$ を代入すると，
$9=a\times3+b$　$3a+b=9$ …②
②−①より，

$$\begin{array}{rrl} & 3a+b & =9 \\ -) & -2a+b & =1 \\ \hline & 5a & =8 \\ & a & =\frac{8}{5} \end{array}$$

①に $a=\frac{8}{5}$ を代入すると，

$-2\times\frac{8}{5}+b=1$　$b=1+\frac{16}{5}=\frac{21}{5}$

よって，直線の式は，$y=\frac{8}{5}x+\frac{21}{5}$

P.39

直線と x 軸との交点はいろいろな問題で使うから，出せるようになろう

7　直線の式を $y=ax+b$ とおく。
$y=ax+b$ に $x=-2, y=3$ を代入すると，
$3=a\times(-2)+b$
$-2a+b=3$ …①
$y=ax+b$ に $x=8, y=-2$ を代入すると，
$-2=a\times8+b$　$8a+b=-2$ …②
②−①より，

$$\begin{array}{rrl} & 8a+b & =-2 \\ -) & -2a+b & =3 \\ \hline & 10a & =-5 \\ & a & =-\frac{1}{2} \end{array}$$

①に $a=-\frac{1}{2}$ を代入すると，

$-2\times\left(-\frac{1}{2}\right)+b=3$　$b=2$

よって，直線の切片は 2 だから，求める座標は，**(0，2)**

8　直線の式を $y=ax+b$ とおく。
$y=ax+b$ に $x=-3$，$y=-3$ を代入すると，$-3=a\times(-3)+b$
$-3a+b=-3$ …①
$y=ax+b$ に $x=5$，$y=1$ を代入すると，
$1=a\times5+b$　$5a+b=1$ …②
②−①より，

$$\begin{array}{rrl} & 5a+b & =1 \\ -) & -3a+b & =-3 \\ \hline & 8a & =4 \\ & a & =\frac{1}{2} \end{array}$$

②に $a=\frac{1}{2}$ を代入すると，

$5\times\frac{1}{2}+b=1$

$b=1-\frac{5}{2}=\frac{2}{2}-\frac{5}{2}=-\frac{3}{2}$

したがって，直線の式は，$y=\frac{1}{2}x-\frac{3}{2}$
x 軸上の点は y 座標が 0 だから，
$y=\frac{1}{2}x-\frac{3}{2}$ に $y=0$ を代入すると，

$0=\frac{1}{2}x-\frac{3}{2}$　$0=x-3$　$x=3$

よって，求める座標は，**(3，0)**

9　点(0，2)を通ることから切片は 2 とわかるので，3 点を通る直線の式を
$y=mx+2$ とおく。

a が問題文で使われたら，傾きは他の文字で表そう
同じ文字を使うとまちがいの元になるよ！

$y=mx+2$ に $x=3$，$y=5$ を代入すると，
$5=m\times3+2$　$3m=3$　$m=1$
したがって，直線の式は $y=x+2$ だから，
この式に $x=a$，$y=1$ を代入すると，
$1=a+2$　$\boldsymbol{a=-1}$

10 (1) 正方形ＯＡＢＣの１辺の長さより，
ＯＡ＝４だから，Ａ(４，０)
ＯＣ＝４だから，Ｃ(０，４)
直線ＡＣの切片は点Ｃの y 座標と等しいから，その式を $y=ax+4$ とおく。
直線ＡＣは点Ａを通るから，
$y=ax+4$ に $x=4$，$y=0$ を代入すると，
$0=a\times4+4$ より，$4a=-4$
$a=-1$
よって，直線ＡＣの式は，$\boldsymbol{y=-x+4}$

(2) 点Ｂの x 座標は点Ａの x 座標と等しく４で，点Ｂの y 座標は点Ｃの y 座標と等しく４である。
したがって，Ｂ(４，４)
直線ＯＢは原点を通る直線だから，その式を $y=mx$ とおく。

(1)で a を使ったから，傾きは他の文字で表そう

直線ＯＢは点Ｂを通るから，$y=mx$ に $x=4$，$y=4$ を代入すると，
$4=m\times4$ より，$m=1$
よって，直線ＯＢの式は，$\boldsymbol{y=x}$

4. 2直線の交点，平行な直線

P.40

11 $y=-3x+6$ と $y=5x-2$ を連立させて解く。
$-3x+6=5x-2$ $8x=8$ $x=1$
$y=5x-2$ に $x=1$ を代入すると，
$y=5\times1-2=3$
よって，交点の座標は，**(1，3)**

12 式を求める直線は直線 $y=2x+1$ と平行だから，傾きが等しく，２である。
求める式を $y=2x+b$ とおき，$x=3$，$y=11$ を代入すると，$11=2\times3+b$
$b=5$
よって，求める直線の式は，$\boldsymbol{y=2x+5}$

13 直線 ℓ は点(０，－４)を通るから，切片は－４となるため，その式を $y=ax-4$ とおく。
この式に $x=-2$，$y=4$ を代入すると，
$4=a\times(-2)-4$ $2a=-8$ $a=-4$
$y=-4x-4$ に $y=1$ を代入すると，
$1=-4x-4$ $4x=-5$ $x=-\frac{5}{4}$
よって，求める座標は，$\boldsymbol{\left(-\frac{5}{4},1\right)}$

直線 $y=1$ 上の点は，すべて y 座標が１だね

P.41

14 (1) 直線 m の切片は点Ｂの y 座標の６だから，その式を $y=ax+6$ とおく。
直線 m は点Ａを通るから，$y=ax+6$ に $x=-3$，$y=0$ を代入すると，
$0=a\times(-3)+6$ $3a=6$ $a=2$
よって，直線 m の式は，$\boldsymbol{y=2x+6}$

(2) $y=-x+3$ と $y=2x+6$ を連立させて解く。
$-x+3=2x+6$ $-3x=3$ $x=-1$
$y=2x+6$ に $x=-1$ を代入すると，
$y=2\times(-1)+6=4$
よって，点Ｃの座標は，**(－１，４)**

15 (1) 直線 ℓ の式を $y=\frac{3}{2}x+b$ とおく。
直線 ℓ は点Ａを通るから，$y=\frac{3}{2}x+b$ に $x=-4$，$y=0$ を代入すると，
$0=\frac{3}{2}\times(-4)+b$ $b=6$
よって，直線 ℓ の式は，$\boldsymbol{y=\frac{3}{2}x+6}$

(2) $y=\frac{3}{2}x+6$ と $y=-3x+24$ を連立させて解く。$\frac{3}{2}x+6=-3x+24$
$3x+12=-6x+48$ $9x=36$
$x=4$
$y=-3x+24$ に $x=4$ を代入すると，
$y=-3\times4+24=12$
よって，点Ｂの座標は，**(4，12)**

16 (1)　点Cの y 座標は直線 m の切片だから，
-2 である。
2点B，Cは x 座標が等しいから，ＢＣの長さは2点B，Cの y 座標の差と等しい。
ＢＣ＝7より，点Bの y 座標は，
$-2+7=5$
直線 ℓ の切片は点Bの y 座標だから，
$\boldsymbol{a=5}$

(2)　△ＡＢＣの底辺をＢＣとしたときの高さは，下図の点線にあたるから，点線の長さを求めるために，点Aの x 座標を調べる。

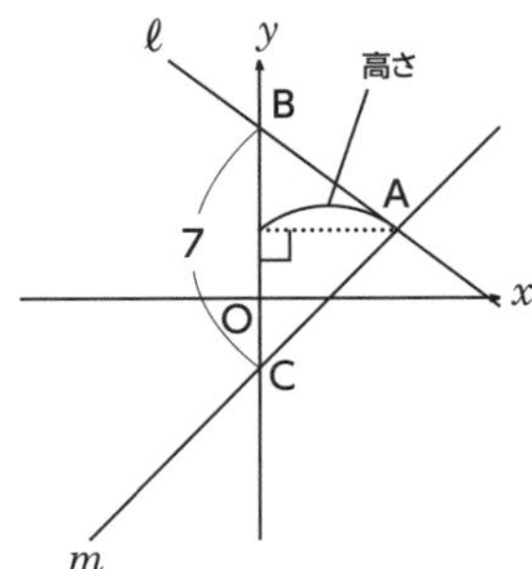

$y=-\dfrac{3}{4}x+5$ と $y=x-2$ を連立させて解く。$-\dfrac{3}{4}x+5=x-2$
$-3x+20=4x-8$　$7x=28$
$x=4$
したがって，点Aの x 座標は4だから，点線の長さは4である。
よって，$\triangle ABC=7\times4\times\dfrac{1}{2}=\boldsymbol{14}$

比例・反比例と1次関数

P.42〜43
※すべて「4　比例・反比例と１次関数」の問題から選んだ問題ですので，解説は省略します。